Les aléas du vivant

Éthique et pratique médicale
fondée par Richard Moreau
Collection dirigée par Roger Teyssou

La collection *Les Acteurs de la Science*, prévue pour recevoir des études sur l'épopée scientifique moderne, se dédouble pour accueillir des ouvrages consacrés spécifiquement aux questions fondamentales que la santé pose actuellement. Cette nouvelle série cherche à faire le point objectivement et en dehors des modes sur des connaissances, des hypothèses et des enjeux souvent essentiels pour la vie de l'homme. Elle reprend certains titres publiés auparavant dans *Acteurs de la science*.

Dernières parutions

Jean-Yves de la CAFFINIÈRE, *Chirurgie et société. Retour sur 13 articles publiés dans la presse médicale généraliste*, 2017.
Bahram MATINE et François RÉGNIER, *Des maux en paroles. Médecine et malades venus d'ailleurs*, seconde édition revue et augmentée, 2016.
Pierre de PUYTORAC et Auriane ARTUSSE, *La mort en 60 questions, La mort observée, expliquée, repoussée*, 2016.
Dominique PERSOONS, *Santé riche et Médecine pauvre*, 2016.
Daniel BIRNBAUM, *C'est la lutte finale*, 2015.
Jacques ROBERT, *Mal de mère et maux d'enfants*, 2014.
France BERETERBIDE, *Essais cliniques dans les pays du Sud : entre impérialisme éthique et relativisme moral ?*, 2014.
Lucien KARHAUSEN, *Mythologies médicales*, 2014.
Nausica ZABALLOS, *Vie et mort d'un hôpital psychiatrique : le Camarillo Hospital (1936-1996)*, 2014.
Monica GINNAIO, *La pellagre : histoire du Mal de la Misère en Italie*, 2013.
Pr Jean-Luc WAUTIER (avec la collaboration de Marie-Paule Wautier), *Le sens de la médecine ou la révolution culturelle dans le système de santé*, 2013.

Thierry PATRICE

Les aléas du vivant

Ordre ou désordre ?

L'Harmattan

Du même auteur

Chercheurs, éthiques et sociétés, L'avenir de l'avenir, Éditions L'Harmattan, 2012.

« Le flou biologique », in *Communications* n°95, 97-117, Éditions Le Seuil, 2014.

5-7, rue de l'Ecole-Polytechnique, 75005 Paris

http://www.harmattan.fr

ISBN : 978-2-343-11601-3
EAN : 9782343116013

À ceux qui auront simplement osé essayer…

Sommaire

Introduction

« Si le chercheur doit avoir foi, sinon inébranlable du moins forte jusqu'à preuve du contraire, en son idée, il doit douter de ce qu'il observe avant de démarrer le travail, sinon à quoi bon le mettre en œuvre, et au terme du travail, face aux résultats obtenus ». Je commençais ainsi un premier article, tentant déjà de tendre le lien entre le monde réel de mes résultats et un avenir insaisissable[1]. L'insatisfaction de l'existant décide de la recherche, la contemplation des résultats de la poursuite de la recherche. Il y a sept ans, mon monde de croyances s'est disloqué par où il péchait, la recherche et les résultats obtenus. Le paradigme du vivant, fruit de mon éducation et même de ma culture comprise au sens large, que je percevais imparfait, centré sur le noyau de la cellule et le code génétique, mais que je tenais de côté et à distance en m'intéressant essentiellement à l'effet de la lumière sur les tissus vivants, m'a interpelé un beau jour quand je suis venu buter contre ses limites. Il est apparu qu'il y a au moins une autre explication que le code génétique pour expliquer la diversité du vivant. Il a fallu, par l'analyse des résultats en même temps que leur interprétation et la recherche d'informations ou de concepts dans des champs connexes, mesurer la brèche désormais ouverte, étendant le paradigme vers autre part. Il faut maintenant écrire le cheminement du raisonnement avant qu'il ne s'évapore, afin qu'il s'insère dans *mon* paradigme du vivant, le fixer dans la mémoire en le nommant, et enfin, acceptablement circonscrit, le proposer en partage.

---

[1] T. Patrice, *Le Flou Biologique*, Communications 95, 97-117, Le Seuil éd. 2014.

Point de vue

Comment donner un sens valable à mon travail de biologiste si je ne l'intègre pas dans le déchiffrage global de l'arbre de vie, imaginé à propos de l'évolution des espèces par Charles Darwin (1809-1882), si je ne tente pas de donner un sens explicite au vivant quelles que soient les difficultés de l'entreprise que je me suis fixée à l'ombre des pères fondateurs ? Je ne travaille pas, je ne réfléchis pas dans une perspective sociale limitée à un petit espace géographique, le mien. Ce ne sont pas non plus une arrogance ou une ambition faustienne qui m'animent, mais au contraire l'insécurité qu'il y aurait eu à marcher et à vouloir continuer à le faire sans savoir où j'irais, sans avoir une idée, même vague, du chemin emprunté aboutissant là où je suis arrivé. Les résultats obtenus et validés de mon activité scientifique ne pouvaient demeurer en déshérence : il leur fallait pour exister être nommés et s'insérer dans un champ disciplinaire quelconque, celui de l'évolution me semblant assez naturel. Cette question n'implique pas de donner seulement un sens à l'humain mais au vivant en tant que phénomène différent des autres, par exemple volcan ou éclipse de Lune, quelles que soient par ailleurs les connexions, qu'il ne faut surtout pas tenter de gommer, entre les phénomènes.

Un sens doit être compris comme un vecteur qui donne une direction dans un espace et une vitesse, c'est-à-dire une distance et un temps. Si l'espace et le temps occupent le centre de toute la pensée humaine, de toute éternité pourrait-on dire, d'ailleurs on les dit inimaginables, la notion de distance est beaucoup plus contraignante. Elle établit une relation entre une mesure de l'espace et du temps à une échelle accessible à l'observateur. Par la distance, nous touchons au réel du temps et de l'espace, l'un et l'autre demeurant, pris isolément, infinis et inabordables. Le réel n'est pas et ne peut être une valeur absolue pour nous qui le contemplons, le percevons. Il est ce que nous en faisons. Mais, comme nous y vivons, ce réel doit être compatible avec la sensation que nous en avons tout autant qu'avec les mesures que nous y faisons. La quête de lien entre sensation et réalité n'est pas nouvelle, même le grand Jaurès s'y est risqué en socialiste sincère de son temps[2], et n'est pas univoque : sentir n'implique pas plus vérité que mesurer n'implique compatibilité avec la perception. Combien de fois ai-je tourné et retourné la règle de trois de la dilution d'une substance dans un solvant, l'*impression* que j'avais du résultat me semblant aberrante par rapport à l'objectif. C'est bien décrire le lien entre le monde de ma sensibilité et celui du réel froid et physique qui m'intéresse et non la description d'un monde ignorant de l'autre. Un vecteur porte d'ailleurs une autre information déduite du temps et de l'espace, la vitesse, c'est-à-dire le résultat entre force propulsive et résistance à l'avancement. Cette force vitale propulsive, quel que soit son sens, est déjà en opposition avec ce qui n'est pas vital et s'oppose à son avancement. Il y a bien à la fois une relation entre le vivant et le non-vivant, une interaction et une forme d'opposition. S'interroger sur le sens, c'est prendre en compte globalement la complexité de ces juxtapositions.

Pourquoi et comment sont les questions qui surgissent juste après l'appréciation de la distance parcourue dans un sens donné. Là, le vivant est en apparence plus simple. Des réponses toutes faites émaillent son histoire, mais le monde physique les remet en cause. « Parce que c'est

---

[2] J. Jaurès, *De la réalité du monde sensible*, Thèse de la faculté des Lettres de Paris, 1891.

comme cela », autre version de la métaphysique divine, est aussi peu satisfaisant que la sensation pure. Le pourquoi des origines doit pouvoir s'exfiltrer des dogmes, car autrement l'évolution même, darwinienne, n'a aucune logique. Je veux bien le chaos, je veux bien l'aléatoire du battement d'aile du papillon, mais il faut quand même un minimum de causes sinon au format pris par le vivant du moins à la complexité des processus. N'est-il pas plus simple pour une nature économe de se passer de toute vie ? Et encore pourquoi et surtout comment donner une durée à chaque forme de vie ? Pourquoi ne pas envisager une vie de naissance et de mort quasi confondues, rendant inutile alors toute régulation ? Il est en effet aussi mystérieux de naitre que de vivre et de mourir. Croyance et savoir se heurtent tout de suite et viennent jeter un voile métaphysique sur le réel de la mesure physique. Un vivant aussi complexe doit avoir un sens propre, avoir un début et, l'espère-t-on aussitôt, une fin jamais atteinte, n'attendant que l'homme pour repousser le terme ultime indéfiniment. La fin des autres pourquoi pas, mais celle de l'espèce et par conséquent la mienne, non !

Ces questions me viennent à l'esprit car un long chemin a été parcouru d'une éprouvette à une paillasse, d'un résultat à un autre résultat, amenant aussi un flot de questions que j'imagine pouvoir poser désormais. Le travail accompli, les résultats obtenus doivent trouver une place dans le grand puzzle jamais terminé des connaissances. Cela ne veut pas dire « Euréka », mais qu'un bilan de l'avant et d'après la vie de chercheur peut être établi et que de ce petit vecteur en projeter un autre devient possible, tremblotant et incertain, par-delà ce que je ne peux voir. Il est en effet impossible de formuler une hypothèse avant de savoir au moins un petit quelque chose comme il est présomptueux de ne le faire après ce petit « mieux-que-rien » enthousiaste des jeunes années et même d'aujourd'hui. Présomptueux certes, mais si je ne le fais pas sachant ce que je sais et étant même le seul à le savoir, qui le fera ? C'est le sens du chercheur que de trouver ce que les autres ne savent pas, que lui ne savait pas non plus l'instant d'avant, et de le dire. Comme la marche fatigue, comme le regard nourrit, l'expérience modèle et construit en même temps le chercheur et l'homme.

Savoir, technique et hypothèses

Une hypothèse qui serait validée n'en serait plus une, et on peut même dire symétriquement qu'il n'est pas honnête d'interdire une hypothèse en tant que telle, que c'est même d'autant moins honnête que l'hypothèse est plus hardie, car c'est justement ce qui en fait la richesse. C'est cependant le propre du déterminisme de ne vouloir l'hypothèse qu'assortie de sa cause indubitable, c'est-à-dire de refuser l'hypothèse et en même temps toute prise de risque intellectuel. Or, comment se projeter dans l'avenir au bout d'une perche appelée théorie sans former préalablement une hypothèse, sorte de rêve construit et formalisé ? La marche en avant du savoir, « avant » étant compris comme une quantité évolutive de savoir qui croît, juste, moins juste, voire un jour erroné, peut se faire à petits pas rapides, nerveux et fréquents ou à grandes enjambées accomplies plus rarement avec un élan suffisant ou une inconscience totale. L'élan nécessaire à cette enjambée se nourrit à la fois de l'expérience des autres, de la lecture de leurs exploits, et de l'analyse introspective de ce qui a été accompli. Pour cette raison, il n'est pas possible de faire de grandes enjambées raisonnées en début de carrière et il est fécond d'avoir cherché soi-même en plus d'avoir lu les autres. Se contenter de décortiquer les mots à la recherche de leur auteur caché est travail d'archéologue, mais pas de biologiste. Comme beaucoup il a donc fallu écrire pour peser le bilan en même temps que chaque mot, discours et conversation nourrissant, mais se révélant trop volatiles pour se retrouver précisément où on veut, et finalement se convaincre. Les mots posés pour qu'ils se reposent et me reposent en même temps, m'ont en fait agité, ont ouvert d'autres portes dissimulées derrière de pesants rideaux, à peine dévoilées par le courant d'air des idées. Je me suis finalement réjoui de mettre un nom sur ce que je recherchais en confiant à l'écran vierge le fruit résumé de mon travail : une théorie. Cependant, coincé par les résultats obtenus, et même de plus en plus étroitement, il me fallait en sortir, non par le passé interdit, mais en allant de l'avant et même un peu de côté puisque ce sont d'autres champs disciplinaires que le mien que j'ai été obligé d'appréhender.

Si le passé est certain, quelle que soit l'opinion que l'on peut en avoir, il est surtout irrémédiable. Le retour en arrière nous est donc interdit, sauf par l'évocation mémorielle, soutenue plus ou moins précisément par les écrits, peintures ou autres témoignages suffisamment durables pour qu'un jour l'œil soit interpelé et ajoute la sensation au reste des éléments disjoints, plus ou moins conscients, de la mémoire. Aller de l'avant en recherche médicale suppose d'innover, de produire de la connaissance à partir d'imaginaire et d'expériences, aboutissant à un mieux-être, à un soulagement pour celui qui souffre. Or, la recherche est encore issue du passé proche, liée à lui par la technique. C'est une progression de limace, les optimistes diront un torrent de lave en fusion dévalant la pente, sans discontinuité, progressant sans saut discernable à l'échelle de l'observateur humain. Reproduire sans fin l'expérience d'un jour reste possible, mais ne produit, alors, que l'illusion d'un progrès, comme un disque vinyle rayé qui continue jusqu'à usure du disque à tourner sur lui-même. Il y a effort, consommation des ressources, travail, mais pas de déplacement visible car il s'agit là essentiellement de technique et non de vraie recherche.

Il peut cependant arriver que le chercheur se retrouve dans une voie sans issue apparente, lorsque le passé se révèle impuissant à fournir l'information qui permettra de construire et de dérouler encore la recherche. Personne ne peut alors venir au secours du chercheur qui est arrivé là, seul, s'il a fait consciencieusement son travail après avoir exploré les résultats des autres chercheurs. Aucun savoir, aucune expérience de son champ disciplinaire n'existent plus face au résultat nouveau, vrai, impossible à rattacher à quoi que ce soit de connu. C'est le hasard, c'est-à-dire l'écart par rapport à ce qui était prévu et raisonnablement prévisible, qui l'a amené là. Pour continuer à avancer, amorcer une rupture, il ne suffit plus d'imaginer un futur proche, mais de se projeter dans un futur plus lointain disjoint de l'existant désormais atteint, bien que de position incertaine par rapport à cet existant. Fréquenter les champs différents de l'habitude et de la formation, comprendre les mots nommant les éléments de ces champs, sont les passages obligés, les branches auxquelles se raccrocher plutôt vers la fin de carrière quand une large part de chemin scientifique est parcourue, que la fatigue et la force évanescente induisent une souffrance supplémentaire à celle que représente l'abord d'une *terra incognita*. Se projeter de nouveau dans le vide s'avère ardu quand on a mal au dos et oblige à dépasser une certaine réticence. Une hypothèse est ainsi un saut dans un inconnu intuitif, à peine raisonnable et raisonné, qu'il sera impossible, pour des raisons de techniques défaillantes mais aussi de temps de vie et de force insuffisants, de vérifier ou d'invalider. La culture du risque zéro de notre monde s'étendant à la recherche, interdit imaginaire et hypothèse, n'autorisant que le futur proche déjà visible. Si nous n'y prenons garde, nous prendrons racine ici, maintenant et pour longtemps, car il n'y a pas de liberté, en particulier de penser, et donc de création, sans prise de risque de se tromper.

Qu'est-ce qu'un vivant ?

Avant de définir un sens ou la cause du mouvement du vivant, encore faut-il avoir une idée approximative de la forme de l'objet, mobile dans l'espace, que l'on tente de caractériser en fonction du temps. On pourrait définir le monde comme divisé en deux parts, l'inerte et le vivant, et se réfugier dans la facilité en excluant les deux ensembles l'un de l'autre. Nous verrons que ce n'est pas si simple, l'un se nourrissant de l'autre. On voit bien aussi les difficultés qui surgissent dès que l'on cherche à catégoriser les humains. Devant le mur moral, il n'y a plus que des différences sociales. Fini les grands et les petits, les gros et les maigres, les hommes et les femmes, les blancs et les noirs. Tous pareils, dit-on. Qui croit cette fable, belle certes, mais totalement erronée ? Ce qui résulte de la reproduction sexuée est justement qu'il n'y a pas deux individus identiques. D'ailleurs si nous étions tous semblables et égaux d'où viendraient les différences perçues ? D'illusions ? Non bien sûr. Nous sommes différents, c'est bien comme cela et même heureux. Sinon pourquoi s'interdire le clonage ? Un peu plus identique ne ferait guère de différence alors que justement le clonage est la dangerosité supprimant l'absolue diversité du vivant, condition de sa persistance. Au moins, nous pourrions dire à juste titre que les humains sont tous effectivement semblables et se ressemblent beaucoup quoiqu'il ne soit pas sûr que la similitude au sortir d'éprouvette résisterait bien à l'épreuve du temps qui passe : combien de temps durerait le pareil ? Où commencerait un humain d'aujourd'hui et surtout d'hier, une cellule de foie d'aujourd'hui et d'hier ? Parle-t-on de l'humain normal ou des humains en général ? Quelle est la place des moins normaux ? Existent-ils en tant que tels ? Nous y reviendrons plus loin. Ces questions peinent à trouver leur réponse alors qu'elles sont au centre de la préoccupation, au point que ces questions et la réflexion qu'elles inspirent sont purement et simplement éludées des études du médecin au profit d'une avalanche de données rassurantes mais à peine triées, non classées et au fond presque sans objet, car innommables.

La notion d'humain devenant scabreuse et nous entrainant sur la pente toujours plus glissante et raide du politiquement correct, nous n'avons d'autre choix que de revenir au vivant dans son ensemble et tenter de définir des critères communs, sans plus s'occuper des formats que prendraient à l'usage ces critères communs, mais variables. Je vois trois éléments qui pourraient contribuer à une définition du vivant :

- Capacité à produire de l'énergie de manière contrôlée
- Capacité à se reproduire en utilisant un codage chimique
- Tentative de maintien des deux propositions ci-dessus valides le plus longtemps

On pourrait trouver des exemples inertes répondant à un ou deux critères, mais pas aux trois. Les trois propositions ensemble caractérisent les dénominateurs communs du vivant au sens large. La troisième proposition surtout se retrouve à travers l'« instinct », dans tous les systèmes d'organisation du vivant, et seulement chez eux, parfois sous la forme d'une vraie conscience de vouloir-vivre. On ne retrouve que rarement l'instinct de mourir ou la volonté délibérée de mettre fin à ses jours chez le vivant. Lorsque cela se produit, cela constitue d'ailleurs une sorte de sursaut vital. La vie résiduelle étant envisagée pire que la mort celle-ci vaut mieux que la poursuite du calvaire. Que ce soit pour la bactérie, le fox à poil dur ou l'humain, l'instinct de vie prime l'instinct de mort qui demeure exceptionnel. « Vivant : être tendant à vivre » pourrait être une définition qui ne nous avancerait guère alors qu'elle est au cœur du phénomène.

Puisque la troisième proposition en appelle à l'instinct, appelons ainsi temporairement la tendance naturelle observée, ne demeurent accessibles au raisonnement que les deux autres propositions. Leur juxtaposition, leur articulation nous emmèneraient vite à la métaphysique si nous n'étions vigilants. Sont-elles complémentaires, fusionnelles, l'une prime-t-elle l'autre, sont-elles équivalentes, pourquoi oui ou pourquoi non sont les questions qui vont nous harceler car ces questions éternelles d'où ont jailli les dogmes sont aussi celles qui nous séparent ou au contraire nous assimilent au reste du monde vivant. Or, cette position réciproque pose en plus de la question du sens du vivant celle du sens de l'homme. Sommes-nous inertes ? « Non ! » crions-nous en cœur, pas si nous répondons aux critères, mais la question « sommes-nous animaux ? » divise profondément. Or, de ce point de vue dépend la forme de l'objet dont nous essayons de percevoir le sens. Je prends le parti darwinien de ne pas séparer l'humain du reste du monde vivant, de ne pas le différencier, ne trouvant pas de réelle accroche l'en séparant. Il en est un élément symbiotique.

Le mot symbiotique implique la notion d'éléments vivants hétérogènes, en équilibre dans un contenant, on dira un biotope, ce qui évite de fixer des limites, interagissant de telle manière que chaque élément est disjoint de son voisin, à la fois partenaire indispensable et ennemi irrémédiable. L'image de la soupe de légumes dans la casserole en équilibre instable sur le feu de la cuisinière peut aider. L'intérêt réciproque des patates et des tomates est mutuel. Sans les tomates la soupe change, de même lorsque l'eau s'évapore. La liberté est totale et en même temps totalement contrainte tant par le contenant que par les espaces laissés par les autres éléments contenus. Modifier l'un modifie le tout au point de le compromettre. L'autorégulation des productions et des consommations, donc le maintien des équilibres, est totale, le bilan des forces nul, quoique tendant imperceptiblement vers la perte de forme, même si en apparence ordre, programmation ou organisation sont absents.

À ce point du texte, nous n'envisageons déjà plus le vivant qu'à travers besoins et disponibilités, issues autant de l'inerte que du vivant, ce qui nous rattache à une approche à la fois profondément darwinienne et thermodynamique satisfaisant tant à son premier principe qu'au second[3].

Le format du vivant n'est pas celui de la soupe, celle-ci n'ayant de format que celui auquel oblige la casserole. Pourtant, à première vue, nous distinguons aisément la soupe du cassoulet, comme nous distinguons aussi le volant, les phares et les roues qui définissent la voiture automobile par rapport à la voiture hippomobile. Rares sont les confusions que nous faisons entre le vivant et l'inerte, quoique cela puisse se produire en regardant du corail, certains poissons ou insectes spécialistes du camouflage. En revanche, face à presque tous les vivants, et même face à des fragments fossilisés ou des peintures rupestres, nous savons qu'il y a du vivant, là, derrière l'apparence. Nul besoin d'analyse ADN, nous sentons le vivant instinctivement, qu'il soit à sang chaud ou froid, et nous évaluons d'ailleurs automatiquement le risque qu'il y aurait à s'en approcher. Nous en sentons les limites aussi

---

[3] D'une manière très grossière le premier principe répond à la remarque de Lavoisier « Rien ne se perd, rien ne se crée » et le second dit que tout système tend à évoluer irréversiblement vers un état d'entropie (ou désordre) plus grand.

variables soient-elles et nous en déduisons un contenu, plus mou et plus humide, moins « inerte » et moins minéral. Les limites du vivant sont perçues comme des entredeux, appartenant à l'intérieur mais continuant l'extérieur, plus traits d'unions que séparateurs.

Le format apparent, une fois perçu, ne nous renseigne pas cependant sur le mécanisme ou les principes communs. En regardant le champignon ou l'oiseau, je ne vois pas de similitudes alors que pourtant elles dominent les différences. La première de ces similitudes est la capacité de reproduction, la seconde la capacité de transformation de l'environnement en énergie, la troisième l'adaptation pour persister. La sanctuarisation temporaire de l'inerte par le vivant, sa transformation qui nous semble irrémédiable parfois, nous rattachent non seulement à tous les êtres vivants mais aussi au temps et à l'espace, sans pour autant que nous soyons en mesure de répondre ou même de formuler la question du pourquoi et du comment. Le vivant est, quel que soit son format, un transformateur et un reproducteur, une sorte de photocopieuse d'énergie dont le bilan thermique ultime serait nul, seulement décalé dans le temps. Un filtre optique n'agit pas autrement qu'en retardant le transfert d'énergie d'un dioptre[4] à l'autre. L'énergie et les éléments inscrits dans leurs grands cycles en apparence inertes retrouvent, après un temps de participation à la vie, leurs mouvements circulaires. L'inerte est détourné, distrait de ses amples spires, happé par le vivant et le constituant. Nous sommes vivants dans le mouvement, l'adaptation, l'échange, la transformation, simples et directs. Ce sont les éléments de la thermodynamique. C'est de ce point de vue là que je vais tenter de regarder le vivant.

---

[4] Un dioptre est une surface limitant deux matériaux supposés homogènes transmettant la lumière, et donc l'énergie, de manière différente.

De la bactérie à l'humain, ou d'autres moins évidents parce que moins humains, la conviction d'une chaine continue ou progressant par sauts quantiques est indubitable mais le sens de ce cheminement reste obscur autant que ses mécanismes. Une raison en est que les premiers à s'être penché sur l'évolution ont vécu il y a très peu de temps, à proximité de Darwin, la lumière des origines irradiant avant eux à travers l'interprétation de quelques illuminés solitaires. Revenons d'un mot sur Darwin. Dans « *L'origine des espèces* »[5] il fait, avant tout, le lien entre la démographie d'une espèce donnée et les capacités offertes à cette population pour satisfaire ses besoins. Toute population a tendance à la surpopulation, c'est-à-dire à dépasser les possibilités du milieu, ce qui oblige secondairement la sélection de moins gourmands ou de plus forts éliminant les bouches inutiles ou moins fortes pour Malthus (1766-1834), antérieur à Darwin. C'est bien le lien entre reproduction et énergie qui est tendu par Darwin et non une sorte de système d'élimination progressive visant à la prééminence de l'homme sur le reste du monde vivant. Certes, le sous-titre est « Preservation of favoured races in the struggle for life », mais c'est le mécanisme princeps démographique qui est avancé, non l'esprit, une élection divine ou le langage par exemple. Jean Baptiste Lamarck (1744-1829) soulignait aussi ce lien avec les ressources du milieu à travers un ressort adaptatif automatique d'optimisation spontanée et juste contrainte à la marge, aboutissant à une complexification en particulier des mécanismes régulateurs[6]. Bien que Darwin se soit opposé à Lamarck dans une controverse célèbre, je ne suis pas certain que la divergence de leurs points de vue n'ait été si considérable,

---

[5] C. Darwin, *The origin of species by means of natural selection*, Murray ed. London, 1859.

[6] J.B. Lamarck, *Philosophie zoologique*, Dentu éd. Paris, 1809.

non plus que la vision de Gould (1941-2002) selon laquelle « la complexification des êtres vivants est uniquement le produit du hasard et de la contingence » et que cette évolution ne peut être linéaire, progressant toujours d'un même pas[7]. Mais il y a hasard et hasard, un genre ou l'autre survenant d'ailleurs par hasard. La probabilité d'occurrence d'un phénomène peut être plus ou moins grande, tout en demeurant fortement aléatoire, sans jamais être obligatoire. Le phénomène lui-même peut, dès lors que les conditions ont été réunies au hasard, prendre toujours la même forme. Il y a donc hasard, mais relatif.

L'autre question que soulève Darwin dans « *L'origine des espèces* » est la stabilisation sur plusieurs générations d'une espèce pour peu que la pression sélective demeure constante. Il imagine une évolution continument active, mais passant inaperçue par sa lenteur, rejoignant là l'évolution par complexification successive de Lamarck près d'un siècle plus tôt. Darwin réfute l'idée de monstres évolutifs survenant un beau jour, faisant saillie au milieu de leurs ex-congénères. Pourtant, le temps joue en défaveur d'une évolution continue infiniment complexe et toujours plus complexe associée à une stabilisation à chaque changement. En fait, la Monstruosité nous induit en erreur par le mot même car elle suppose d'être remarquable et remarquée. Ne pourrait-elle être invisible, attendant son heure en fonction des conditions, voire présente depuis toujours, se révélant au fur et à mesure du temps, voire encore présente sous la forme d'un processus commun, simple, codé, mais pouvant être décliné en une infinité de formats en fonction des conditions, jamais complètement oublieuse des expériences ou étapes passées et dépassées ? Une « évolution métabolique adaptative,

---

[7] S.J Gould, *Structure de la théorie de l'évolution*, 2002, Gallimard éd Paris, 2006.

auto-organisée » rendrait compte en même temps de toutes les hypothèses. La Monstruosité ne serait peut-être apparue qu'une fois, lors de l'acquisition de la capacité de division, le reste de l'histoire reprenant une seule et unique litanie, modulée de toutes les étapes déjà franchies, influencée de l'extérieur par l'environnement. L'évolution pourrait être le résultat de deux systèmes disjoints, l'un codant, évoluant ou involuant indépendamment d'un second système, celui-ci en interaction à la fois avec l'extérieur et avec l'éventail de possibles offerts à un instant ou une époque par le codage.

Obsédé par sa grandeur, à moins que ce ne soit par la peur de sa monstruosité, l'humain se sent seul et adopte des comportements antagonistes, cherchant à la fois à éliminer toute différence en termes d'espèce mais aussi à l'intérieur de sa propre espèce, tout en poursuivant la quête sans fin et universelle d'autres formes de vie au prétexte de la source de ses origines. Sans doute espère-t-il faire ainsi la démonstration ultime de sa supériorité. Darwin a autant douché l'enthousiasme créationniste qu'il nous a rapproché du sommet en nous faisant descendre, en fait monter, d'une bactérie. Plus nous cherchons à ressembler à quelqu'un, plus l'évidence s'évapore, insaisissable, comme l'eau dans la main fermée. Non seulement la bactérie est bien différente, mais aussi nos plus proches cousins, les autres primates, par exemple les chimpanzés, le sont. Ces différences ne portent pas simplement sur l'aspect mais aussi sur le génome. Certes nous avons des points communs, mais aussi des différences en nombre considérable ou en faible nombre… en fonction des modes de mesure. Si nous ne considérons que la nature chimique des constituants du génome, nous ne différons en rien du fox à poil dur, de la bactérie ou du séquoia géant. Si, en revanche, nous considérons l'assemblage final « en gros » nos différences avec le chimpanzé sont d'environ 1,3 % et si nous entrons dans le détail des positions relatives des bases les unes par rapport aux autres nous atteignons 20 % au moins, ce qui n'est pas rien pour des cousins très proches[8]. De plus, d'un humain à l'autre les différences seraient encore de 12 % et non de 0,1 % comme annoncé trop prématurément. La raison de cette imprécision est double : le génome n'est pas tout et nous ignorons tout des mécanismes qui sous-tendent son rôle. En revanche, nous adorerions qu'à un gène corresponde une fonction et une seule, qu'à tout phénomène corresponde un gène et un seul. Ce n'est pas le cas et ce ne sera jamais le cas. Devant cette situation encore mal admise, d'autres mécanismes, permettant les différences observées entre espèces et leur évolution, doivent être envisagés qui sont autant de pierres dans le jardin des tenants de la génétique divine. Ces mécanismes, en cohérence avec des résultats obtenus récemment démontrant un lien métabolique entre les primates[9], au lieu de rassembler, auront comme mode de fonctionnement l'aléatoire, à partir d'une matière de départ unique pour aboutir à des produits par essence non seulement différents, mais aussi évolutifs.

---

[8] The chimpanzee sequencing and analyzing consortium, Initial sequence of the chimpanzee genome and comparison with the human genome, *Nature*, 437, 69-87, 2005.

[9] T. Patrice et coll. Influence of animal species on secondary oxidant activation in serum exposed to singlet oxygen. *ILAR*, 53, 31-42, 2012.

Le triptyque lumière-matière-oxygène

Photographie, aquarelle, ont baigné mon adolescence et plus tard c'est avec enthousiasme que j'ai travaillé sur les applications médicales des lasers. Ces appareils sont des sources de lumière non pas « blanche » comme le soleil mais émettant une seule couleur à la fois, non pas partout comme le tube néon (à l'exception de ses montures), mais dans une seule direction, le résultat étant fascinant. La lumière date de toujours et est partout dans l'univers, sauf dans des amas de matière tellement denses qu'elle ne peut s'en échapper, appelés trous noirs. Nous savons depuis 1905 grâce à Einstein (1879-1955) qu'elle est formée de corpuscules possédant une énergie mais pas de masse, appelés photons, et circule à la vitesse insurpassable de 299 792 km/seconde selon une ondulation formant un champ à deux composants, dit électromagnétique. L'énergie E d'un photon va dépendre de la fréquence de l'ondulation qui donnera la sensation de couleur, selon E=hF[10], en fonction de ce que nous sommes capables, par la rétine de l'œil, de détecter. Plus la fréquence est élevée et plus l'énergie est forte ce qui fait que, contrairement à notre intuition et même à notre perception, les rayonnements tirant vers l'ultraviolet et le bleu, dits froids, sont plus énergétiques que ceux tirant vers le rouge et l'infrarouge, dits chauds.

Je me suis plus particulièrement intéressé dès 1983 à l'impact de la lumière sur les tissus vivants, non pour la chaleur qui détruit les tissus, mais pour la photochimie. La

---

[10] H est la constante de Planck mesurant la taille des particules énergétiques (6,62 x 10^{-34} J. s), F la fréquence du rayonnement exprimé en Hertz. E est l'énergie exprimée en Joule.

photochimie est le résultat obtenu lors du transfert de l'énergie de la lumière vers les atomes et molécules constituant la cible, par exemple présents sur le toit de la maison, le sommet du crâne ou une cellule cancéreuse. On peut, c'était l'objet de mon activité scientifique, imaginer des molécules de synthèse administrées au patient et dont le but sera de sensibiliser la cible qui recevra la lumière, démultipliant alors les effets photochimiques, conduisant en cancérologie à la destruction des tumeurs. J'ai ainsi des années durant utilisé la lumière violente des lasers pour, en présence de molécules absorbant l'énergie de la lumière et la transférant vers l'oxygène, détruire des cancers et détourner de la mort, réunissant pour cela, sans en être conscient, matière organique, lumière et oxygène, les trois angles aigus de la vie. Comme le blanc réfléchit la lumière, comme le noir l'absorbe, la plante violemment éclairée par le soleil focalisé à travers la gouttelette de rosée du matin, brule sous la violence de l'énergie délivrée. Un transfert énergétique moins puissant et s'adressant plus spécifiquement à certaines molécules aboutit à des transitions énergétiques entre lumière et molécules et, en présence d'oxygène, à la production d'espèces chimiques oxydantes parmi lesquelles une forme excitée et, semble-t-il, rare de l'oxygène, l'oxygène singulet. Si l'oxygène est ubiquitaire sur terre, il est heureusement stable et difficile à exciter, faute de quoi nous brulerions pour un rien et toute vie serait interdite. Il n'accepte qu'avec réticence un surcroit d'énergie lui conférant alors des propriétés nouvelles d'instabilité. Cet oxygène excité, spontanément oxydant, est difficile à produire en situation de repos, mais apparait au cours de réactions inflammatoires et, directement ou non, lors d'exposition à la lumière. Un bon exemple de photochimie est ainsi le coup de soleil au printemps. Il se désexcite en produisant en cascade toutes sortes de substances de courtes durées de vie, mais aux effets délétères imprévisibles, connues sous le nom de radicaux libres.

L'oxygène a été découvert par Scheele en 1771 puis Priestley en 1774 qui a établi en outre le lien entre sang et oxygène. Sur Terre il est produit *exclusivement* par les plantes et les algues photosynthétiques au sein d'une structure qui a évolué depuis la nuit des temps : le photosystème I puis II (PSII) (Figure 1).

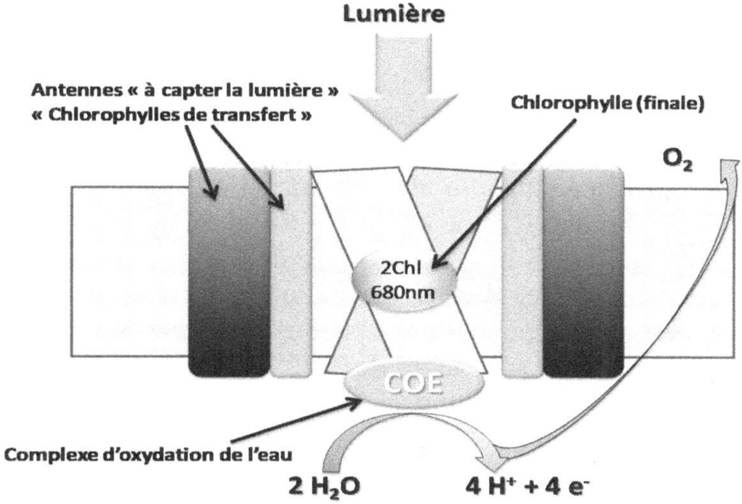

Figure 1 : Diagramme d'un centre photosynthétique de type II (PSII). Ce PSII est une structure, localisée dans le thylacoïde (sac sur la paroi du chloroplaste des feuilles), formée de pigments et de protéines organisées en antennes extérieures recevant la lumière, transmise jusqu'à un dimère de chlorophylle absorbant la lumière à 680 nm. L'arrivée de lumière entraine l'activation d'un Complexe d'oxydation de l'eau (COE) qui libère l'oxygène en présence de gaz carbonique et de l'énergie (sous forme d'électrons). Elle sera transformée en ATP. La structure exacte du COE n'est pas connue.

Cette photosynthèse, par son rôle primordial et incontournable, tant pour les humains que tout le reste du monde vivant terrestre « émergé », mérite qu'on s'y arrête un instant. En présence du CO_2 de l'atmosphère, l'eau H_2O est dissociée sous l'influence de la lumière en oxygène, en eau et en sucres selon $6\ CO_2 + 12\ H_2O$ + lumière $\rightarrow 6\ O_2 + C_6H_{12}O_6 + 6H_2O$ + énergie[11]. Une recherche intense est menée pour percer et, le cas échéant reproduire, les mystères de l'oxydation de l'eau par le Complexe d'Oxydation de l'Eau[12] (COE) et aboutir à de l'O_2 et de l'H_2. Les sucres ($C_6H_{12}O_6$) donneront la cellulose qui forme la structure des plantes par addition d'autres carbones.

La plante a donc une double vie, dissociant l'eau sous le soleil pour produire l'O_2 et la protocellulose, le jour, pour, principalement la nuit, produire l'énergie nécessaire à la survie diurne du lendemain ainsi que l'accroissement de sa taille selon un cycle, le cycle de Calvin (Figure 2), à la fois proche et distinct de celui en vigueur dans les cellules animales, qu'on appelle le cycle de Krebs (Figure 5). Une enzyme, le RuBisCO[13], la protéine la plus abondante de toute la biosphère, au point qu'elle est sous une forme quasi cristalline, représentant 50 % des protéines de chaque feuille, permet l'incorporation de CO_2 pour l'accroissement des sucres de structure en présence de lumière. Le plus extraordinaire de cette photosynthèse est que, compte tenu des énergies en jeu, la plante y survive, le plus inquiétant étant que nous en soyons

---

[11] Les équations ne doivent pas rebuter le lecteur. Il faut les lire comme des sommes qui doivent être à l'équilibre de part et d'autre de la flèche. $6O_2$ d'un côté fait par exemple 12 atomes d'oxygène qu'on doit donc retrouver sous une forme ou une autre de l'autre côté de l'équation, associé ou non à d'autres éléments.

[12] Le complexe d'oxydation de l'eau est un ensemble oxydo-réductif organisant de manière cyclique la dissociation de l'eau en présence d'une chlorophylle absorbant la lumière à 680 nm et de manganèse.

[13] RuBisCO : Ribulose-1,5-bisphosphate carboxylase, NDA.

intégralement dépendants. On note ici déjà le rôle primordial de la lumière agissant conjointement avec le gaz carbonique et l'eau pour produire à la fois de la matière vivante et de l'oxygène puis, grâce à lui, l'énergie nécessaire à la vie. Que la végétation diminue et c'est tout le système qui se retrouve instantanément compromis, irrémédiablement ou au moins pour un temps immense. On sait aussi produire l'oxygène par électrochimie, l'hydrolyse de l'eau, mais moyennant une consommation considérable d'énergie.

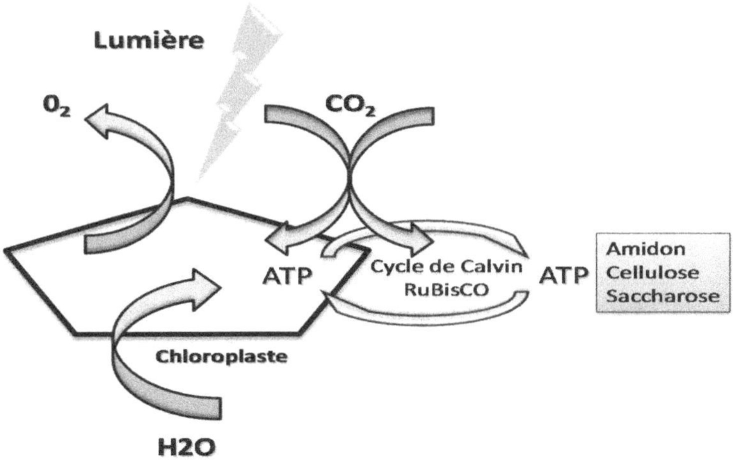

Figure 2 : Schéma général de la production d'oxygène par photosynthèse. En présence de gaz carbonique (CO_2), sous l'influence de la lumière il y a dissociation de l'eau et production d'oxygène d'énergie et de sucres. Ceux-ci seront ensuite utilisés dans le cycle de Calvin grâce à une enzyme le RuBisCO qui permettra l'augmentation de la masse par ajout de nouveaux carbones issus du CO_2.

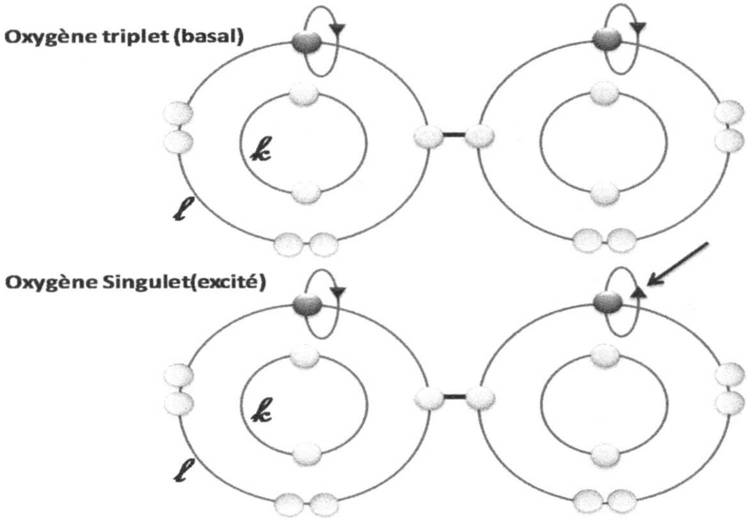

Figure 3 : Structure de l'oxygène et répartition des électrons. Deux électrons se trouvent sur une orbitale *k* donc saturée, six se trouvent sur une orbitale *l* qui devrait en avoir huit pour être saturée. Deux électrons sont donc non appariés dans l'oxygène moléculaire O_2, un de chaque atome étant engagé dans la liaison. Les électrons non appariés tournent dans le même sens à l'état basal (état triplet, stable) alors qu'un d'entre eux change de sens de rotation en cas d'apport d'énergie à O_2, donnant l'oxygène singulet très réactif.

L'oxygène est enfin et surtout présent, dilué mais théoriquement en plus forte quantité que le carbone, dans l'univers. Il résulte des réactions thermonucléaires qui se produisent dans les étoiles, appelées cycles « CNO » dans les étoiles massives ou cycles proton-proton dans les étoiles plus légères comme le soleil. On l'a détecté initialement en 2007 sous forme atomique O grâce au satellite Odin dans une nébuleuse de la constellation du Serpent et plus récemment en 2011 sous une forme liée H_2O_2 grâce au télescope spatial Herschel dans la nébuleuse de la tête de cheval d'Orion, la perle du ciel d'hiver quand on regarde vers le sud-ouest. Nous reviendrons sur ce point critique, tant qualitativement que quantitativement, pour l'apparition de la vie, mais retenons dès à présent qu'il y a dans l'univers de la lumière, de l'oxygène, du carbone, de l'azote et de l'hydrogène. Ce qui rend extraordinaire l'oxygène est sa structure chimique au point que la question de savoir s'il a permis la vie ou si la vie s'est adaptée à lui n'est pas sans intérêt, de même qu'une troisième question, le rôle de la vie oxygénée dans l'univers. Pour qu'un atome soit stable, il faut qu'il satisfasse à deux règles : la parité électronique (il ne peut y avoir durablement d'électron célibataire, donc non apparié), et un nombre atomique saturant l'orbite externe. L'oxygène « O » est instable, mais est en fait stabilisé car se présentant sous la forme de dioxygène O_2 (Figure 3). L'oxygène « O » a huit électrons, l'orbite externe en possédant quatre ou six ce qui satisfait à la parité, mais pas à la saturation (il en manque deux). Un électron va donc s'apparier avec l'électron d'un autre O formant O_2, le dioxygène que nous connaissons, laissant encore deux électrons disponibles en un nuage « pair » selon deux orbitales, dites dégénérées. Ceci devrait rendre l'oxygène systématiquement attirant pour des atomes ayant un électron à proposer pour saturer la couche externe par exemple H ce qui donnerait H_2O selon $O_2+4H \rightarrow 2\ H_2O$. Eugène Wigner, prix Nobel en 1963, a démontré que l'oxygène étant paramagnétique (aimantable sous l'influence d'un champ magnétique), possédant certes deux électrons disponibles, mais tournant dans le même sens, ne pouvait en fait réagir spontanément avec des molécules organiques (diamagnétiques) : malgré les 21 % d'oxygène de l'air (environ), nous ne nous consumons pas. Des enzymes, produits par le vivant, doivent d'abord dégrader les substrats pour qu'ils soient directement attaquables par l'oxygène, en présence ou non d'ions métalliques qui accélèreront le processus (Figure 4). La réaction étant très lente, à la différence du feu de bois ou du moteur à explosion, le vivant peut ainsi stocker l'énergie au fur et à mesure qu'elle est produite, sans pour autant s'autodétruire. C'est la condition fondamentale du vivant.

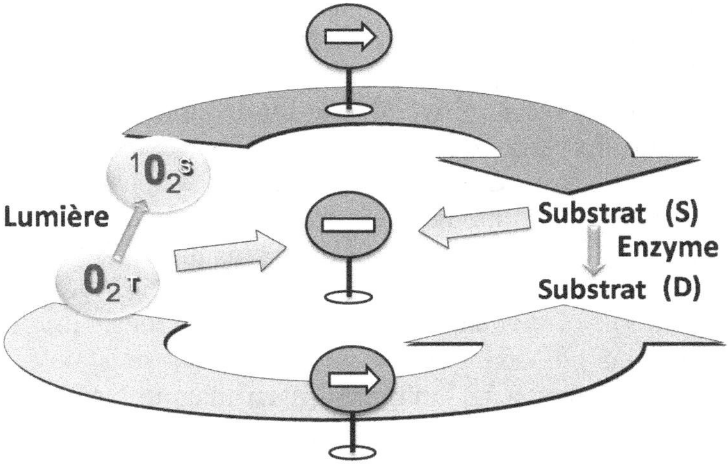

Figure 4 : Principe de l'interdiction de spin de Wigner. L'oxygène est une molécule unique se trouvant dans une configuration triplet (T) à l'état basal de repos, devenant singulet (S) quand il est excité. Il ne peut réagir avec des substrats organiques qui sont singulet à l'état de repos. Des enzymes, présents dans le monde vivant, doivent déstabiliser ces substrats pour permettre une action de l'oxygène. De tels enzymes sont *a priori* absents dans le monde « inerte ».

Toute l'énergie dont a besoin le vivant est le résultat de réactions d'oxydations. Une oxydation est *stricto sensu* la greffe d'un atome d'oxygène sur une molécule et plus généralement l'arrachement d'un électron d'une molécule. Ces réactions d'oxydation, qui se produisent de manière ménagée, et non pas brutale grâce à des enzymes, au sein de la mitochondrie permettent un stockage synchrone et optimal de cette énergie. Ces mitochondries sont de petites usines intracellulaires à énergie, en fait des bactéries incorporées dans des « proto » cellules tant animales que végétales il y a longtemps et qui en auraient conservé de l'ADN[14]. La forme de ce stockage d'énergie est une liaison chimique réversible avec du phosphate inorganique (Pi) telle que : ADP + Pi + énergie →ATP.

Cette forme permet en fonction des besoins une libération du phosphore et de l'énergie de liaison : ATP →ADP + Pi + énergie. Le point essentiel n'est pas que de l'énergie soit produite, tout n'est qu'énergie, mais que l'énergie soit produite chez les vivants par combustion lente permettant l'oxydation ménagée de nombre de carburants (Figure 5). Nous ne brulons pas avec feu, flammes et fumées un seul type de substrat, mais stockons, au fur et à mesure de la combustion de glucides, lipides et protides, l'énergie sous la forme de la liaison chimique ADP-Pi, liaison chimique qui peut être rompue ensuite en fonction des besoins. Notons qu'il y a une grande proximité structurelle entre l'Adénine de l'ADN du code génétique, une de ses quatre bases, et l'Adénosine de l'ATP, forme de stockage de l'énergie. Cet ATP est omniprésent, et depuis aussi loin que notre regard peut en apporter la preuve, dans le règne du vivant, autant végétal, y compris chez les êtres au métabolisme anoxygéné, que chez la Cyanobactérie (métabolisme oxygéné), le lapin ou l'humain.

La différence entre la chaleur du feu de bois pétillant et la production contrôlée d'énergie du vivant n'est pas liée au vivant lui-même, mais à la structure de l'oxygène qui autorise la fabrication d'ATP, l'oxygène étant une molécule non spontanément oxydante à l'état de repos comme son nom tendrait à le faire croire. La conséquence des travaux de Wigner est que le vivant doit d'abord être

---

[14] ADN Acide désoxyribonucléique, ATP : Adénosine triphosphate, ADP : Adénosine diphosphate. NDA.

capable de déstabiliser chimiquement, par des enzymes, le glucose, les lipides ou les protéines pour que l'oxygène inerte puisse s'y attaquer. La capacité de production d'énergie, la respiration, a sans doute même précédé l'apparition de pigments sensibles à la lumière permettant sur les terres émergées ou en faible profondeur océanique de vivre grâce à la photosynthèse.

Ce n'est pas tout cependant : cette réaction d'oxydation ménagée n'est ni instantanée, ni de 100 % de rendement. En parallèle de la production d'énergie, des effets collatéraux, eux aussi oxydatifs, sont donc générés devant, c'est prévu, être neutralisés au fur et à mesure. Plus nos besoins en énergie sont importants et plus nous devons neutraliser d'effets potentiellement délétères, fermant un cercle vicieux conduisant à de l'usure. Explorer la résistance à l'oxydation c'est explorer la résistance à l'usure, qu'elle soit physiologique, vieillissement ou effort physique, ou pathologique, survenant au cours d'une maladie. Ces phénomènes sont quantitativement difficiles à mesurer, mais semblent importants : entre 1 et 10 % de l'oxygène que nous respirons (21 % de 6 L/min) soit 20 à 200 mL/minute, n'est pas utilisé pour la production d'énergie mais entre dans des réactions variées aboutissant à des changements structurels, au nombre desquels, fécondation, vieillissement, lutte contre les bactéries, inflammation et croissance.

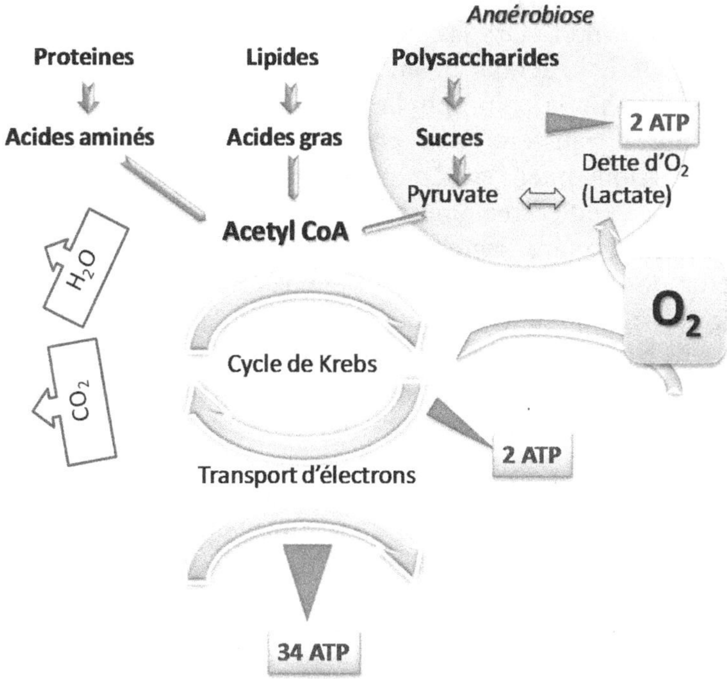

Figure 5 : Production d'énergie lors de la respiration dans un organisme eucaryote. Les 3 grandes catégories de substrats peuvent produire de l'énergie de manière anaérobie (moyennant une dette d'oxygène qui devra être comblée) ou aérobie. Dans ce cas la substance ouvrant sur le cycle de Krebs est l'acétylcoenzyme A (Acétyl CoA) qui permettra la production de 34 molécules d'Adénosine tri phosphate (ATP).

La production des effets délétères de l'oxygène est proportionnelle au nombre de réactions y compris de production d'énergie : plus je vis, plus je produis d'énergie et moins j'ai tendance à vivre. Mais, moins je vis, moins je résiste et moins j'ai tendance à vivre…

Ce qui peut affranchir de la présence d'un enzyme pour l'amorçage de la réaction d'oxydation, est la lumière, que ce soit hors du vivant ou chez lui, par exemple lors d'un coup de soleil. Or, la lumière est ubiquitaire et même depuis tout le temps et une molécule, le tétrapyrrole de l'hème ou de la chlorophylle, absorbe très bien la lumière et pourra transférer son énergie en excès à l'oxygène (conversion inter système) le transformant encore en oxygène excité directement réactif. Ce qui est désagrément transitoire, voire facteur déclenchant de reproduction à petite dose, coup de soleil de l'été des hommes, est danger mortel et puissant moteur d'évolution dans le reste du monde vivant. Des patients chez lesquels une anomalie de ces tétrapyrroles existe, devenus incapables de fixer le métal au centre du macrocycle, doivent leur vie durant demeurer à l'abri de la lumière sous peine de lourdes brulures cutanées et de cancers de la peau. Si ces macrocycles présents chez tous les êtres vivants sont tous capables d'absorber la lumière à des longueurs d'onde variables en fonction de la structure, tous deviennent heureusement presque incapables de transférer l'énergie accumulée à l'oxygène et le transformer en destructeur du fait de l'insertion de métaux variés, au stade ultime de leur maturation chez le vivant : fer pour l'hème de l'hémoglobine, manganèse des cyanobactéries apparues pendant l'Archéen (entre -4000 et -2500 millions d'années), magnésium de la chlorophylle, cuivre de certains cytochromes, cobalt de la vitamine B12.

Pour nous résumer en quatre lignes, l'oxygène, ubiquitaire et indispensable à toute production d'énergie, est peu réactif vis-à-vis d'un substrat sauf quand il est excité :

- lors de l'attaque du substrat par des enzymes
- lors d'exposition à la lumière de pigments capables de transférer l'énergie absorbée
- lors d'exposition à la lumière infrarouge en présence de composés azotés

- lors de la présence conjointe de métaux de coordination déstabilisant le substrat.

Les choses sont en fait plus complexes de deux points de vue essentiels permettant d'établir un lien entre environnement et diversité des individus.

a- Les défenses antioxydantes doivent être soit apportées par l'alimentation, soit issues de synthèses ou mobilisées par l'organisme lui-même sous la forme d'éléments non spécifiques comme l'albumine, une protéine abondamment présente dans divers tissus dont le sang (40 g/L). L'équilibre est donc fragile qui, s'il est rompu quantitativement, aboutira par exemple à une altération de tissus mobilisés pour lutter contre l'oxydation, alors qu'ils ne sont normalement pas directement concernés. L'hyper oxydation entrainera alors un cortège de désordres oxydatifs qui devront être eux-mêmes contrôlés sous peine de réactions en chaine.

b- Les défenses antioxydantes diffèrent d'un individu à l'autre et sont inductibles dans une certaine mesure par l'entrainement à l'effort physique. Face à une agression régulière, des défenses plus facilement mobilisables seront disponibles, dans une certaine limite, tant quantitative qu'évolutive dans le temps. Curieusement, certaines substances réputées antioxydantes, comme la vitamine C, sont synthétisées par nos cousins primates, mais, plus évolués soi-disant, nous devons nous fournir dans l'alimentation. Il ne suffit pas de naitre, ce qui est peut-être le plus simple, mais de persister à la vie ce qui constitue un combat physicochimique de tous les instants.

Appréhender la résistance à l'oxydation c'est appréhender la résistance d'un individu, à un instant donné, au phénomène vivant. Non seulement la résistance à l'oxydation pour un état normal est alors considérée, mais aussi la résistance aux conditions environnementales, pathologiques ou simplement à l'effort. Si un certain nombre de déterminants de cette résistance peuvent être identifiés, nombre d'autres demeurent dans l'ombre. Les déterminants enzymatiques du métabolisme sont déterminés génétiquement et leur régulation doit permettre l'adaptation continue aux besoins « normaux » de l'espèce. Le taux sanguin de glucose, un sucre, est par exemple régulé par deux hormones, l'insuline qui le fait baisser et par le glucagon qui l'augmente ou encore les glucocorticoïdes qui favorisent la mise à disposition de réserves. Cependant, c'est l'alimentation issue de la photosynthèse des plantes qui produit le glucose et l'oxygène le comburant terminal permettant la dégradation par les cellules du glucose et sa transformation en énergie. L'humain, quelles que soient sa bonne constitution et sa bonne volonté, dépend donc intrinsèquement du milieu extérieur puisque 100 % de l'oxygène sont issus de la photosynthèse des plantes, l'azote et le carbone étant libérés par les mécanismes de pourrissement de structures organiques, mortes de n'avoir pu en permanence s'adapter aux changements aléatoires de l'environnement. Si des changements « climatiques » de long ou moyen terme sont aujourd'hui objets de toutes les attentions, d'autres changements beaucoup plus familiers se produisent à chaque minute sous l'influence de l'ensoleillement ou d'un courant d'air. Jour et nuit, hiver et été, nous sont aussi différents que pour les plantes. Nous y survivons en général, moins par périodes, plus du tout vers la fin.

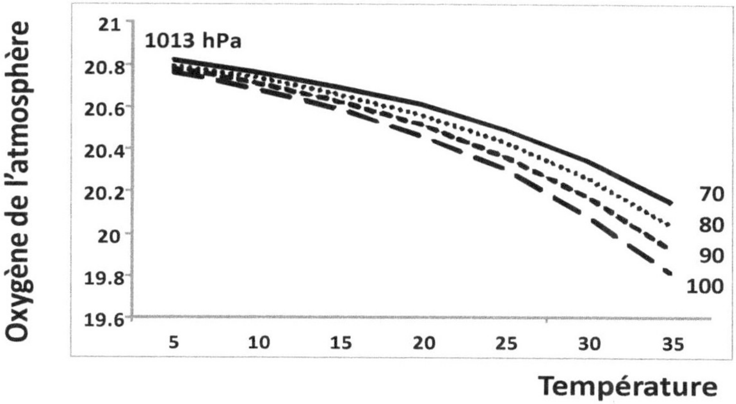

Figure 6 : Évolution de la pression partielle en oxygène dans l'atmosphère (axe vertical) en fonction de la température (axe horizontal), pour des pressions de vapeur d'eau de 70 à 100 % sous une pression atmosphérique moyenne de 1013 hectopascals.

Les conditions optimales de vie apparaissent donc fragiles et interdépendantes, faiblement adaptables sur des temps géologiquement brefs, par exemple une génération d'humains. Sur des temps longs en revanche on peut noter que les conditions extrêmes, température, pollutions acides, humidité, qui régnaient un milliard d'années après la formation de la planète n'ont pas empêché l'émergence de la vie et ont même permis une explosion de formes très diverses de vie alors que ces mêmes conditions ou même des conditions s'en rapprochant un tout petit peu seraient synonymes aujourd'hui de disparition de la plupart des espèces à commencer par l'humain. La concentration d'O_2 sur terre n'est pas non plus constante à 21 % mais varie avec l'humidité et la température qui conditionne la dilatation des gaz (Figure 6). De plus humidité et température conditionnent aussi la pousse des plantes, qui produisent l'O_2 et donc des déchets de pourrissement, responsables de la formation du charbon au Carbonifère (de -359 à -299 M d'années) où l'O_2 de l'atmosphère aurait pu atteindre 30 % au lieu des 21 % que nous connaissons. Ceci relativise la notion de réchauffement climatique, rien ne disant que les conditions de notre vie d'humain soient à jamais compatibles avec celles des autres dont nous sommes dépendants et qui évoluent au moins autant que nous... Les éléments critiques ayant permis l'émergence de la vie ont été la lumière et l'eau, qui est aussi constitutive du vivant, nous sommes formés de plus de 60 % d'eau. Celle-ci a incubé aussi le vivant dès ses débuts le protégeant des rayonnements lumineux en excès[15]. L'ozone, O_3 connu surtout pour ses trous stratosphériques est issu aussi d'une réaction photochimique telle que : $3O_2$ + lumière ultraviolette (UVC, <240 nm) $\rightarrow 2O_3$, instable, redonnant de l'oxygène. La réaction est déstabilisée par ce que nous appelons les « polluants » ce qui aboutit à une dégradation excessive de l'O_3 formée. C'est O_3 qui forme l'écran protecteur, la couche d'ozone, qui un jour a permis l'émergence de la vie hors des océans dont celle des plantes. Toutes les plantes terrestres sont ainsi issues d'une seule microalgue verte, une *streptophyta*, possédant une capacité extraordinaire, celle de résister à l'oxygène et à la lumière, toujours eux.

Pendant vingt-cinq ans j'ai mis au point, pour utiliser les réactions photochimiques à des fins thérapeutiques, des techniques et imaginé des substances pharmaceutiques nouvelles, les ai essayées sur l'animal et l'humain, sans comprendre, ni même véritablement essayer de le faire, qu'en réalité je reproduisais la réaction préliminaire à la vie terrestre, en mélangeant de la lumière, de l'oxygène et de la matière organique. Par la photochimie je reproduisais sans fin, dans un but anticancéreux, les combats mortifères qui ont eu lieu un jour lointain entre les animaux

---

[15] H.J. Cleaves, SL Miller, Oceanic protection of prebiotic compounds from UV radiation, *Proceedings of the National Academy of Sciences*, 1998, 95, 7260-7263.

émergeant de l'océan et la lumière baignée d'oxygène et de quelques autres toxiques, filtrée par la poussière des volcans. M'échinant à essayer d'identifier des substances réagissant à la lumière pour produire de l'oxygène singulet, je ne voyais pas que c'était la cible qui conditionnait le résultat obtenu. Je creusais avec application, sans voir au-delà du sens que je m'étais assigné. Un beau jour et par hasard, je notai qu'en mettant une même substance réactive à la lumière en présence de sérum (le sang dont on a retiré les cellules comme globules rouges et blancs) de veau, de souris ou d'humain, une même lumière et un même oxygène produisaient des effets différents[16]. Un veau et un humain seraient donc différents quant à leur résistance à l'oxydation, donc leur métabolisme et leur longévité. « Évident » direz-vous, « Mais pas tant que ça ! » répondrai-je ! Ce sont des souris qu'on utilise en routine dans les laboratoires pour essayer de comprendre l'homme, du sérum de veau fœtal qui est ajouté pour faire pousser les cellules humaines dans des boites de culture. J'ai essayé, emporté par l'élan, des sérums issus de donneurs sains et de patients porteurs de maladies différentes. Il y avait une variabilité interindividuelle et interpathologies[17,18]. J'ai de la même façon testé les sérums d'une quarantaine d'espèces animales différentes et à chaque fois j'ai obtenu un effet différent en soumettant ces

---

[16] D. Olivier, S. Douillard, I. Lhommeau, E. Bigot, T. Patrice, Secondary oxidants in human serum exposed to singlet oxygen: the influence of hemolysis, *Photochemical and Photobiological Sciences,* 2009, 8, 1476-1486.

[17] P. Guerin , E. Bigot, T. Patrice, Evidence for antioxidants consumption in the coronary blood of patients with an acute myocardial infarction, *Journal of Thrombosis and Thrombolysis*, 2013, 35, 41-47.

[18] T. Ritzenthaler, I. Lhommeau, S. Douillard, Tea Hee Choa, J. Brun, B. Claustrat, T. Patrice, N. Nighoghossian, Dynamics of oxidative stress and urinary excretion of melatonin and its metabolites during acute ischemic stroke, *Neuroscience Letters* 2013, 544, 1-4.

échantillons à un même sensibilisant et à une même lumière[19].

Il fallait se rendre à l'évidence, tester des molécules photosensibles différentes comme je le faisais sur l'animal, mais je n'étais pas seul ce qui n'excuse rien, n'avait aucun sens pour l'homme car c'est l'individu qui conditionne l'effet obtenu, différemment s'il est malade ou non, et de quelle manière, au lieu que ce soit seulement la nature même de ces sensibilisants. Pire que cela, il existait un lien, quelle que soit sa nature, aujourd'hui imprécise, unissant des espèces en fonction de leur phylogénie. Un lien entre l'effet de la lumière, de l'oxygène singulet et l'espèce existe donc en particulier pour les primates, des premiers d'entre eux, les lémuriens, aux plus récents de mes congénères mais avec une corrélation forte en fonction du nombre d'embranchements. Oxygène et énergie sont déterminants de premier ordre puisque toutes les réactions produisant de l'énergie chez le vivant, mais aussi un grand nombre d'autres, sont des réactions d'oxydation. Et si le format final obtenu était déterminé par la capacité à résister et donc à utiliser l'oxygène au sein d'un environnement donné ? En tout cas, une production différente d'oxygène singulet ou une résistance différente à l'oxydation en fonction de l'espèce, impliquent qu'il est inutile d'étudier l'effet obtenu en général par un traitement induisant des oxydations en utilisant un animal particulier. Ceci rend *ipso facto* caduque 75 % de la recherche en cancérologie ou en physiologie humaine par exemple. De plus, utilisant une réaction lumineuse, je m'attendais à ce que la destruction de membranes des globules rouges lors du prélèvement sanguin (il y a toujours quelques globules

---

[19] I. Lhommeau, S. Douillard, A. Foursac, L. Aillet, E. Bigot, T. Patrice, Influence of animal species on secondary oxidant activation in serum exposed to singlet oxygen, *Institute for Laboratory Animal Research Journal*, 2012, 53, 31-42.

qui se déchirent en quantité variable sur l'aiguille) diminue la valeur observée, proportionnellement à l'hémoglobine[20] diluée dans le prélèvement de sérum. Non seulement j'ai obtenu l'inverse, mais encore la variation était toujours dépendante de l'espèce dont était issu le globule rouge. La conclusion était simple mais troublante : le contenu des globules rouges est incompatible sur le plan oxydatif avec le sérum qui dilue le tout, le contenu globulaire inhibant les antioxydants du sérum. C'est pour cela que nous avons des globules rouges, sortes de capsules dont le contenu, par ailleurs, diffère d'une espèce à l'autre.

[20] L'hémoglobine est la molécule contenue dans les globules rouges permettant le transport de l'oxygène de l'air vers les tissus de l'organisme. Elle est constituée de l'hème (4 pyrroles et un atome de fer) et d'une protéine la globine.

Vers un nouveau paradigme du vivant

Face à ces résultats, j'ai été très perturbé. Une fois validés, mes résultats m'ont encombré plus que comblé et c'est au vide que j'ai fait face, tant en m'adressant aux hiérarchies qu'aux collègues. Tout le paradigme de la biologie que je refusais un peu, mais pas complètement malgré tout, devenait incompatible avec mes résultats. L'humain était incomparable aux autres espèces, la recherche animale vaine, les prélèvements de sang influencés par la technique de l'infirmière. Je ne pouvais en me référant aux règles en vigueur trouver la moindre explication, le moindre jalon, qui me permettraient de repartir sur des bases certaines. En parler même remet en cause nombre d'études en cancérologie ou l'évaluation de la toxicité de médicaments, et ne peut que générer de l'animosité, au mieux de la suspicion de la part des industriels, des chercheurs et des structures administratives qui financent. Enfin mon apprentissage s'avérait impuissant à me rassurer. Tout ça pour ça...

Je me suis instantanément heurté au mur de l'immuno génétique cause, et objet de tout dès que j'ai considéré l'oxygène de l'environnement comme acteur direct et permanent et non comme source d'artéfacts. Celui-ci est extérieur et en même temps dedans, rejeté mais utilisé et transformé, comburant de *toutes* nos productions d'énergie et de la majorité des autres. Sans lui, pas de vie. Que dit le paradigme en vigueur en biologie dans ses grandes lignes :

1— *L'homme, organise les expériences en fonction de ses besoins, utilise, se situant au-dessus de tous les autres animaux, des modèles qui lui sont réputés inférieurs.* L'arbre de vie est une sorte de pyramide dans ce cas, car il n'existe qu'une sorte d'homme connue et vivante à ce jour. La nature aurait eu un sens, celui de donner enfin naissance à l'homme moderne, à la perfection stable du fait du codage dont il est issu.

2— *Le codage génétique est la clef de tout*, reproduisant inéluctablement l'espèce, et, ne pouvant être meilleur que lorsqu'il est normal, en cas de maladie on doit pouvoir y associer une *anomalie* génétique qui, elle, ne se reproduit que rarement. Toute maladie serait donc peu ou prou anomalie génétique, mais aucune, ou presque, ne se transmettrait. Cette vision est douteuse : quelle que soit la qualité du génome ce sont l'environnement et les conditions socio culturelles qui déterminent l'espérance de vie en premier rang. Sinon pourquoi l'Africain aurait-il à jamais une espérance de vie de 50 ans et l'Européen de 80 ans ? Et à quoi ressemblerions-nous si les conditions de température, d'humidité venaient à changer fondamentalement ? Que serait notre pauvre noyau cellulaire privé du reste de la cellule ? Jurassic Park est un mythe. Les dinosaures ont eu un format correspondant au mieux à ce qu'ils pouvaient être, compte tenu de l'environnement de l'époque, comme le chat est ce qui se fait de mieux en matière de chat et ce qu'il y a de plus adapté à un génome de chat, sans aucune finalité de devenir lion.

3— *Puisque l'homme est le pyramidion*[21]*, alors le reste est une sorte de mélange d'essais plus ou moins ratés.* Mais pas ratés au point qu'on ne s'estime fondé à étudier l'homme à travers la souris. Darwin n'a jamais dit que l'homme descendait de la souris et en fait il n'y a pas plus de lien entre la souris et l'homme qu'entre l'homme et le singe, qu'entre moi et vous, qu'entre moi à 8 h le matin en janvier et moi à 17 h en juillet. En quoi suis-je donc l'enfant que j'étais ?

---

[21] Le pyramidion est le capuchon doré venant recouvrir le sommet des monumentales pyramides égyptiennes (NdA).

4— *En allant vers le plus petit, en connaissant tous les plus petits détails, il sera possible de comprendre le tout.* Cette démarche est apparue avec le microscope de Leeuwenhoek et s'est perfectionnée petit à petit au gré des innovations technologiques. Je ne crois pas qu'une telle approche soit valide. Elle supposerait que le vivant soit de format figé alors qu'il n'est qu'un lieu d'échanges ce qui lui confère un dynamisme permanent, voire immanent. L'humain même est une plante sans racines, dont les aliments animaux ou végétaux sont racines par procuration : sans le calcium, le sodium, sans certains acides aminés des céréales, sans l'eau, pas de vie possible. La remarque faite plus haut à propos de la vitamine C que nous ne sommes pas en mesure de synthétiser s'applique aussi à ces acides aminés : pourquoi, sommet évolutif, sommes-nous toujours dépendants du blé que nous cultivons ? De plus, le format n'étant pas figé, le nombre de détails est infini et imprévisible, et le retour inverse du particulier au général peut emprunter un nombre infini de voies. Les points de convergence étant moins nombreux que les voies possibles, il est inutile de connaître les points de départ en détail, seulement les processus qui régissent les comportements généraux.

La situation paradigmatique de la biologie est en contradiction par sa rigidité, sa volonté de code, immuable sauf en cas de maladie, avec l'instabilité normale qui rend le normal impossible à définir. Le normal apparait ainsi être une sorte d'équilibre, une oscillation entre un mauvais et un plus mauvais, un optimum et un moins bien, les deux devenant relativement moins favorables avec le temps pour un individu donné. La définition de l'humain vu du paradigme en vigueur est : *Aboutissement pensant de l'arbre de vie, formé d'une somme d'éléments organisés de manière programmée en un ensemble fini.* On remarque tout de suite l'incohérence de la définition qui ne serait rien sans les conséquences considérables qu'elle implique. Enseignement, recherche, organisation de la recherche et de la vie sociale tout court, découlent en droite ligne de cette définition. Tout l'avenir s'y voit résumé, mais instantanément annihilé si elle est erronée.

Si le format global est donné par le codage, sitôt qu'on entre dans le détail tant des petits tracas journaliers que des grosses affections, le codage apparait induire des issues différentes d'un individu à l'autre. Le codage est donc *in fine* inadapté à la survie et vecteur de différences, les deux étant étranges pour un codage. Or, ce qui sous-tend l'importance du codage et le légitime c'est qu'il est voulu constituer « l'ossature du raisonnement darwinien », mais nullement par Darwin. L'évolution se veut d'origine génétique, plaçant l'homme au sommet et orientée dans un sens lui étant constamment favorable. Pourtant, la notion même d'un continuum, évolutif de surcroit, basé sur un capital génétique flexible mais tendant toujours au même sens favorable en particulier pour l'humain, ce qui apparait moins vrai pour les autres espèces souvent menacées par l'homme, n'est pas acquise. Des exemples existent de va-et-vient entre des formes récentes de format *sensiblement* régressif par rapport à d'autres *paraissant* plus modernes. Enfin, le mécanisme « génétique » suppose un nombre de mutations incompatibles avec les données de la paléontologie, sauf à imaginer des sauts qui ont dû donner des monstres au temps de leur cohabitation avec des formats plus anciens.

Darwin n'a jamais pu entendre parler de génome puisque la notion ne date que de Boveri en 1891, le lien entre chromosome et hérédité de 1944 et la structure du codage de Watson et Crick en 1953 qui reçurent un prix Nobel en 1962 soit moins de 10 ans après la publication de leurs résultats, un raccourci exceptionnel. Darwin fonde sa théorie de l'origine et de l'évolution des espèces sur l'hypothèse qu'une espèce tend à se reproduire toujours plus ce qui finit toujours par être trop par rapport à l'écosystème pour reprendre un terme moderne, nécessitant une adaptation à l'environnement d'une partie des individus pour échapper à la disparition. C'est bien le milieu qui dicte sa loi et la stabilisation ultérieure à l'adaptation environnementale n'implique pas de mutation magistrale, simplement une expression adaptée, du génome lui-même ou des motifs biochimiques pour lesquels il code. Un tel mécanisme n'interdit nullement non plus des inversions de sens entrainant des involutions fonctionnelles au gré des conditions extérieures. Dans ces conditions, il n'y a pas nécessité de faire coïncider évolution et mutations massives dans un sens puis éventuellement dans un autre, la ressource fixant la plage fonctionnelle de l'individu, qui « suit » selon ses possibilités. Dans une telle perspective, ce n'est pas la notion de déterminisme qui est inadaptée mais l'hypothèse de départ des scientifiques qui cherche par enthousiasme technologique à vouloir faire coller la réalité à la théorie.

Énergie et vivant

Est-ce que je ne vis pas avec ma fratrie (« race » est désormais interdit) dans le Sud du fait de ma frilosité, de mon incompétence à produire assez d'énergie ? Est-ce que je ne vis pas dans le nord parce que j'ai besoin de la vitamine D du foie de morue et que je produis trop d'énergie par rapport à des « besoins du sud » ? Dès l'introduction de « *L'origine des espèces* » Darwin lie l'évolution à l'hérédité, mais aussi et surtout aux ressources de l'environnement du vivant. L'humain peut-il échapper à sa condition et donc aux contraintes de l'environnement, durablement, sans adaptation ni évolution ? Nous avons vu comment le vivant oxyde les substrats, pour produire et stocker l'énergie. À peu de chose près, le mécanisme est identique d'une espèce à l'autre, mais diffère à la fois par les facteurs environnementaux limitants et les résultats obtenus d'un individu à l'autre au sein d'une espèce et même d'une fratrie. Remontons encore d'un cran dans l'exploration des vivants. Ils possèdent tous un motif chimique commun multi usages, le macrocycle tétrapyrrole, formé de quatre pyrroles (une molécule à cinq côtés, quatre angles formés par un carbone, le dernier par un azote) reliés entre eux par des liaisons. Cet assemblage cyclique se retrouve du virus à l'humain en passant par les algues et les plantes, ne différant que de quelques liaisons chimiques et de la présence ou non de métaux au sein du macrocycle. Le pyrrole apparait ainsi impliqué à chaque étape clef du processus vivant tel que nous le connaissons sur Terre que ce soit dans la photosynthèse, dans le transport de l'oxygène, dans les chaines de respiration, dans le codage génétique de l'ADN, et aussi dans l'ADP que nous avons mentionné plus haut et qui permet le stockage de l'énergie. Il constitue la chlorophylle des champs ou l'hémoglobine qui abreuve nos sillons le soir au 20 heures. Il est ce qui a permis au vivant de s'accommoder de la lumière et de l'oxygène, toujours eux.

Ce n'est sans doute pas un hasard si la synthèse des macrocycles pyrroliques, comme l'hème de l'hémoglobine, ne se résume pas à une ou deux étapes, mais s'avère une des plus complexes dont nous soyons capables. Pas moins de sept étapes majeures, et ce depuis toujours ou presque, autant d'enzymes eux-mêmes produits de synthèse protéique complexe, deux sites de production cellulaire, chacun avec son activité dédiée, trois boucles de régulation, impliquant la première et la toute dernière étape. Volonté divine de régulation ? Simple addition de strates aboutissant à la complexité ? Pyrrole complexe, multi usages, tous indispensables, tous gravitant autour de la production d'énergie sauf pour ce qui est du codage génétique. Or, ces pyrroles, briques essentielles de l'édifice vivant, ont comme particularité d'être sensibles à la lumière, d'être même profondément réactifs tant que la sensibilité à la lumière n'est pas neutralisée ou canalisée. Sans doute les pyrroles sont-ils nés à l'abri de la lumière et, des réponses antioxydantes ayant été élaborées, les vivants qui les avaient synthétisés ont pu sortir au grand jour. La séquence d'évènements parait être synthèse de pyrroles, puis production automatique contrôlée d'énergie, puis codage. Or, dans un tel algorithme thermodynamique c'est la disponibilité des réactifs qui conditionne la puissance du système, l'équilibre entre les composants tels que Substrat + Oxygène = Énergie + déchets. Que l'un des membres de l'équation change et l'ensemble change. Cependant, la photosynthèse qui régule la production de plantes, donc d'O_2 et de nourriture végétale ou carnée, est régulée par l'eau et la lumière, influencée par la chaleur, là aussi dans une certaine plage. Purs produits de réactions thermodynamiques, et même de nature quantique, nous en sommes donc aussi totalement dépendants. La définition que je pourrais, parvenu à ce point, proposer du vivant serait : *Évènement de format organisé déterminé par l'extérieur, mais luttant contre l'entropie*[22] *par l'intérieur, quoique vainement in fine*.

Oxygène et univers

La question de la primauté de la poule ou de l'œuf se pose aussi pour l'humain et plus généralement pour la vie terrestre. Le premier être vivant était-il un virus, un brin d'ADN, d'ARN ? Si on cherche de l'eau ou de l'oxygène

---

[22] L'entropie a été introduite par Clausius en 1905 à propos du second principe de la thermodynamique. L'entropie caractérise la transformation irréversible de toute entité en un système toujours plus désorganisé. Cependant la remise en liberté par la perte de liens permet aussi la réutilisation par d'autres systèmes formant ainsi par exemple les grands cycles vivants.

dans l'univers, si on braque les radiotélescopes les plus puissants vers l'espace c'est bien dans le but d'affirmer ou d'infirmer que nous sommes seuls dans l'univers. Si l'oxygène moléculaire d'aujourd'hui et d'ici est surtout spontanément inerte, il n'en a peut-être pas toujours été ainsi. Il y a eu peut-être une période étendue sur une immense période de temps, un ou deux milliards d'années, pendant laquelle l'oxygène soumis à certaines radiations lumineuses, voire en présence de substances absorbant la lumière à la manière d'antennes et transférant secondairement l'énergie à l'oxygène, a pu être instable et a réagi avec à peu près n'importe quoi, à peu près n'importe où. C'est ce qui est à l'origine du coup de soleil et pourrait être à l'origine en fait de toute une chimie des états excités qui apparait *complétée* par celle, plus classique, que nous connaissons. On pourrait donc imaginer une chimie utilisable pour des états vivants qui serait initiée pour ses premières étapes cruciales à partir des interactions lumière-matière, mais qui se complexifierait ensuite par la participation d'autres chaines réactionnelles, sans pour autant que la chaine lumière-matière ne cesse ou ne disparaisse complètement.

Au tout début de mon activité de recherche, j'avais suggéré qu'il était possible de générer de l'oxygène singulet en utilisant non pas de la lumière visible, mais de la lumière dans le proche infrarouge (1.06 µm)[23]. Incapable de faire autre chose que constater un résultat acquis par le hasard des matériels disponibles, sans aucun autre raisonnement logique, ce résultat était entré comme une épine dans mon jeune pied et y était demeuré des années durant. Ce n'est qu'en 1999 qu'il fut démontré que si l'oxygène n'absorbe pas spontanément toutes les

[23] T. Patrice et coll. Neodymium-yttrium aluminium garnet laser destruction of non-sensitized and hematoporphyrin-derivative sensitized tumors. *Cancer Res.* 1983, 43, 2876-2879.

longueurs d'onde de la lumière en présence d'azote, son spectre d'absorption se décale permettant une absorption dans le proche infrarouge expliquant ainsi mes observations[24,25]. Cette longueur d'onde de 1.06 µm est présente dans l'espace en abondance et est donc susceptible d'initier les réactions initiales de production de molécules organiques. On ne peut manquer de faire le lien avec les découvertes réalisées par la sonde Phylae sur la comète 67P/Churyumov-Gerasimenko, en juillet 2015[26,27]. Des matériaux organiques de type CH_2 ou R–O-R, de l'acétone ou des fonctions cétones =O ont été découvertes ce qui rend directement envisageable l'addition de l'oxygène à de nombreux composés en particulier pour former le pyrrole que nous évoquions il y a peu. Enfin l'oxygène singulet peut permettre la formation *directe* de cycles à partir de molécules linéaires possédant des doubles liaisons, ce qui est fréquent. Rien ne s'oppose donc à ce que la vie soit ubiquitaire dans l'univers, l'oxygène étant, en configuration excitée, le déclencheur de la formation des cycles. Que nous trouvions les mêmes molécules à la fois sur Terre et sur la première comète que nous explorons, choisie au hasard des possibilités techniques dont nous disposons (une sur 2000 connues de nous), va bien dans le sens de cette hypothèse.

---

[24] G.D. Greenblatt et coll. Absorption measurements of oxygen between 330 and 1140 nm. *J. Geophys. Res*. 95, 18577-18582, 1990.

[25] K.M. Smith, D.A. Newnham, Near-infrared absorption of oxygen and nitrogen gas mixtures, *Chem. Phys. Lett.*, 1999, 308, 1-6.

[26] F. Goesmann et coll. Organic compounds on comet 67P/ Churyumov-Gerasimenko revealed by COSAC mass spectrometry. *Science*, 2015, 349 no. 6247 DOI : 10.1126/science.aab0689

[27] I.P. Wright et coll. CHO-bearing organic compounds at the surface of 67P/Churyumov-Gerasimenko revealed by Ptolemy. *Science*, 2015, 349 no. 6247 DOI: 10.1126/science.aab0673.

Il a été découvert une [28] puis nombre de planètes gravitant autour d'autres étoiles que le soleil, nommées exoplanètes et même probablement une planète géante, Planet 9, dans le système solaire[29]. Entre deux et 5000 sont connues ou en attente de confirmation. En fonction de leur proximité d'une étoile, elles vont recevoir plus ou moins de lumière, mais répartie selon un spectre variable en fonction de l'étoile et de l'atmosphère de la planète. La quantité de lumière visible sera plus importante vers le rouge pour les planètes proches des étoiles, plus froides voire tendant vers l'infrarouge pour les plus éloignées. Des simulations ont été faites indiquant quels types de plantes seraient susceptibles de photosynthèse en fonction de la nature de la lumière atteignant la surface de ces exoplanètes. La photosynthèse apparait plausible à peu près partout, et l'infrarouge 1.06 ou même 1.27 µm, capable d'exciter l'oxygène disponible, en quantité également. Si de l'oxygène est présent dans un coin de l'univers, la probabilité qu'une partie éventuellement faible en soit rapidement excitée est forte. Par suite la probabilité d'obtenir des molécules organiques complexes, parmi elles les pyrroles ne peut être nulle.

Les pyrroles[30] sont impliqués dans de nombreuses fonctions clefs de la biologie animale et végétale et se présentent à nous sous des formats variables. Récemment, il a été possible par électrochimie de passer d'un pyrrole à une pyrrolo-pyrimidine aux propriétés antiinflammatoires en cours d'exploration puis à une molécule de pyrimidine,

---

[28] D.W. Latham et coll. The unseen companion of HD114762 - A probable brown dwarf, *Nature* 1989, 339, 38-40.

[29] K. Batygin, M.E. Brown Evidence for a giant planet in the solar system, *The Astronomical Journal*, 151, 22-34, 2016.

[30] Les pyrroles sont des molécules organiques représentées avec cinq côtés figurant les liaisons interatomiques. Quatre pyrroles associés entre eux font un tétrapyrrole.

constituant essentiel de la moitié des bases codant pour l'ADN et l'ARN. On peut imaginer que ces pyrroles ont sans doute été soumis eux aussi à la pression sélective qui par la température, le pH, l'électromagnétisme, la composition biochimique du lieu de synthèse a orienté la liaison avec tel ou tel groupement chimique, en un temps où les conditions chaotiques de la Terre en devenir accéléraient tout. Leur diversité structurelle et fonctionnelle est le reflet de cette longue histoire. Impliqués à la fois dans le codage héréditaire et dans la production d'énergie par le transport de l'oxygène ou du proton (H^+, qui caractérise l'acide) ou le CO_2 issu du métabolisme ou encore la photosynthèse qui permet la production d'oxygène, ils sont au cœur du phénomène vivant et sont sans doute apparus en premier car permettant, avant toute autre fonction, la production d'énergie par combustion. Comment expliquer autrement qu'ils exercent des fonctions si variées, retrouvées chez tous les vivants, dès lors que l'on admet une divergence évolutive darwinienne ? S'ils étaient de peu d'usage ou néfastes, ils auraient disparu de la palette. Construits en premier, indépendamment de tout codage, mais le permettant, les pyrroles ont persisté et accompagné l'évolution formant le dénominateur commun et le précurseur de tout, ne nécessitant même pas le vivant pour exister. Produire l'énergie a peut-être précédé le codage de cette production.

Nous reviendrons plus loin sur la maladie, le normal et l'anormal. Un cancer dérive de son tissu normal d'origine pour produire un monstre, un avatar hideux de l'existant. La différence avec le tissu d'origine va faire la gravité de la maladie, sa proximité va rendre difficile le traitement du monstre sans altérer le tissu sain originel. Ma collègue et amie Alcira Del Battle, dans le cadre de la recherche sur des sensibilisants réagissant à la lumière pour la destruction de tumeurs cancéreuses, avait noté que les cellules cancéreuses étaient déficitaires dans l'enzyme qui permettait l'incorporation d'un métal au sein d'un tétrapyrrole, la ferrochelatase[31]. Or, la présence de métal est fonctionnellement indispensable au tétrapyrrole et le rend insensible à la lumière, les tétrapyrroles non métallés induisant des maladies graves, les porphyries, au cours desquelles les malades « brulent » au soleil. Cette observation a été à l'origine de l'administration thérapeutique d'un précurseur des pyrroles, l'acide delta amino lévulinique, pour détruire des tumeurs malignes débutantes à l'aide des pyrroles synthétisés *in situ* par la tumeur elle-même. Mais ce déficit, si j'avais réfléchi plus sainement et rapidement, aurait dû rapidement attirer mon attention sur les conséquences énergétiques existant au sein de la tumeur qu'il révélait. Moins de tétrapyrroles fonctionnels veut dire moins de transport d'oxygène, moins de production d'énergie et plus de production d'acide. Une tumeur est donc, sans présumer de la cause, un tissu qui peine à survivre pour des raisons thermodynamiques, naturellement acide par rapport au tissu normal et qui choisit la prolifération anarchique pour tenter de compenser, le conduisant à la mort en même temps que le patient qui l'héberge. Une image pourrait être celle d'une éponge desséchée qui tenterait d'augmenter de taille pour compenser, mais sans améliorer l'absorption d'eau déficitaire, épuisant ainsi nutriments et ressources en eau de l'hôte.

La réaction de production d'énergie par oxydation du vivant, si elle est plus performante qu'aucun moteur, si elle permet un stockage au fur et à mesure plus efficace que n'importe quelle batterie, n'a pas cependant un rendement de 100 %, et des réactions délétères d'oxydation se produisent qui doivent être normalement sous

---

[31] A.M. del Battle, Porphyrins, porfirias, cancer and photodynamic therapy, a model for carcinogenesis. *J Photochem Photobiol B,* 1993, 20, 5-22.

contrôle. Ces réactions pourraient atteindre près de 10 % de l'oxygène que nous respirons, ce qui nécessite des antioxydants efficaces et en quantité proportionnelle aux besoins en énergie. Ces antioxydants ont dû apparaitre de manière synchrone ou même précéder la production oxydative d'énergie faute de quoi la vie n'aurait pu émerger, toute production d'énergie étant dans ce cas mortifère. La proportion d'oxydants non neutralisés est responsable de notre usure à petit feu appelée vieillissement, notion éminemment variable d'un individu à l'autre. La vie est donc un phénomène variable, voire aléatoire, dans le temps puisqu'on a tendance à vivre de moins en moins avec l'âge, mais aussi dépendant de l'histoire individuelle. À partir d'un capital-vie de départ, sans doute individuellement variable, il y a amplification des différences en fonction des évènements, des modes de vie, des conditions socio-économiques qui vont venir jalonner l'histoire de chacun. Chaque instant est donc reconstruit à partir du bilan immédiatement antérieur et conditionne l'instant suivant quant à la capacité résiduelle qui va être disponible pour lui résister.

Le mot variable vient en contrepoint du mot codage. Comment, si nous résultions d'un codage, pourrions-nous être si entachés d'imprédictibilité pour ce qui est du bien le plus précieux, la vie ? Un bon et vrai codage devrait permettre à tous de faire face, envers et contre tout, à toute situation hors cas extrême accidentel. Autrement, il faudrait admettre que le codage n'est pas adapté à nombre de circonstances et au fond ne serait pas adapté à la vie puisque nous finissons par disparaitre. À l'extrême, on pourrait former l'hypothèse inverse que le codage programme la mort plus que la vie. C'est d'ailleurs l'hypothèse que forment les tenants de l'apoptose, un mécanisme programmé de mort cellulaire, qui surviendrait en cas de cancer ou même serait absent lors de la prolifération tumorale autorisant ainsi la progression de la maladie. Outre que je ne crois pas à une « intelligence cellulaire », j'ai démontré que cette apoptose n'était qu'un facteur marginal dans la mort cellulaire survenant après une réaction de photo oxydation brutale, donc un désordre thermodynamique[32]. De plus, à quoi bon tenter de réparer un tel codage et même à quoi bon vivre puisque seule la mort serait programmée ? Compte tenu des lignes ci-dessus, il apparait que le rôle du codage est surtout de permettre la reproduction d'un format de vie, de manière approximative, fixant un cadre à des adaptations aléatoires. C'est opérer un renversement du paradigme biologique déterministe ambiant énoncé plus haut que de faire ce constat.

Thermodynamique et déterminisme du vivant

Si nous faisons l'hypothèse que le code est accessoire d'un ensemble plus vaste et plus déterminant, centré sur la production d'énergie grâce au phénomène de combustion ménagée, nous pouvons comprendre aisément les mécanismes proprement darwiniens conditionnant l'évolution, non seulement des espèces en général mais aussi la nôtre et même approcher les différences existant entre les populations cellulaires qui nous occupent. Il n'est pas en effet aisé de comprendre comment une évolution peut se faire, même sur de grands laps de temps, à partir d'un codage dont on dit qu'il est à peu près immuable, ce qui est d'ailleurs son rôle. Que serait un codage qui changerait tout le temps ? À quoi ressembleraient les humains si en fonction du temps qu'il fait ils grandissaient ou rapetissaient ? Mais, c'est ce qu'ils font justement alors que le génome reste constant, à la dérive génétique spontanée

32 S. Thibaud et T. Patrice. Effects of BAPTA-AM, Forkolin, DSF and Z.VAD.fmk on PDT-induced apoptosis and m-THPC Phototoxicity on B16 cells. *Apoptosis*, 2002, 7, 99-106.

prête, aux conséquences discutées[33]. À chaque génération, à chaque division cellulaire, se produisent des modifications réputées minimes et négligeables par certains qui estiment le phénotype (le résultat global) stable malgré cette dérive génétique, précisément responsable de l'évolution phénotypique pour d'autres par exemple les changements de taille ou de la formule dentaire.

Nous avons par ailleurs insisté lourdement, plus haut, sur le fait que l'oxydation était inductrice d'effets collatéraux délétères, qui induisent finalement un vieillissement par usure de l'individu, y compris de ses cellules germinales, alors qu'il est en capacité de se reproduire. Le produit d'une division cellulaire à un instant T, et donc le produit de la reproduction d'un individu, ne seront jamais exactement identiques au cours du temps mais porteurs d'une quantité imprévisible de petits changements dont de nombreux sont directement dépendants de l'environnement et de l'adaptation à cet environnement mouvant. Si les changements sont trop lourds, la sanction biologique peut être non viable ou rapidement mortelle. Si les changements sont lourds mais compatibles avec la vie, alors des « monstres » évolutifs naitront, s'ils sont capables de reproduction. Cependant, ils pourront demeurer longtemps cachés si les changements sont de nature métabolique, n'affectant pas l'aspect extérieur, et leur émergence pourra être alors conditionnée à un environnement durablement favorable. Les petits changements multiples sont plus intéressants car ils rendent compte de la multitude de possibles dans le cadre d'un format reconnaissable. Ils touchent chaque cellule de manière aléatoire à chaque division, 200 milliards d'entre elles mourant et se renouvelant chaque jour, soit 1/300ème du nombre moyen total de cellules d'un organisme humain.

---

33 M. Kimura, *Théorie neutraliste de l'évolution*, Flammarion, 1983.

Pourquoi malgré tant de changements qui, additionnés, sont aussi nombreux qu'imprévisibles, restons-nous identifiables à des humains malgré des différences souvent majeures : la photo du bébé a peu de choses à voir avec le portrait de mariage 20 ans plus tard et il faut chercher attentivement les points communs avec l'image de celui qui part enfin à la retraite, le nom sous la photo aide bien, car l'évidence manque. Il y a cependant un lien qu'on finit par retrouver et nous apparaissons à la fois identiques et changés lors de la comparaison faite à intervalles de temps larges. Si nous apparaissons inchangés à intervalles courts, alors qu'indubitablement nous sommes différents au point qu'il nous est impossible de revenir en arrière, imperceptiblement nous avons évolué.

Ces petits riens qui font tout irrémédiablement, constamment et s'enchainent les uns aux autres de manière globalement imprévisible peuvent être assimilés à ce qui se passe au sein d'une phase fluide, placée dans un environnement mouvant et incertain. Nous pourrions nous saisir de l'exemple du nuage. Il est formé de vapeur d'eau partiellement condensée, en gouttelettes, cristaux et aérosols dispersés par de l'air. Cette masse est à la fois lourde, un kilo par litre d'eau, mais moins dense que l'air ambiant, aussi visible sur le ciel bleu d'été qu'impalpable. Elle est aussi mobile et changeante. L'ensemble est déterminé au point qu'en levant le nez nous pouvons nommer le nuage, le caractériser si nous sommes spécialistes, mais pas au point de le capturer, de le reproduire ou même de prédire la forme qu'il aura demain matin en regardant le lac le soir, ou la forme qu'il aura l'instant d'après. Le nuage nait, vit et meurt exclusivement sous l'influence de facteurs environnementaux, inconscient de ses modifications, sous le regard de l'observateur extérieur. Prédire la trajectoire ou l'évolution du nuage a évidemment une grande importance, de même d'ailleurs que son ombre portée, pouvant même s'avérer vitale pour le vivant. Les ordinateurs les plus puissants sont consacrés à la climatologie ou la météorologie ce qui n'empêche pas une impossibilité de prévision « de précision photographique » à plus de quelques heures. Il est intéressant de noter que la prévision est d'autant meilleure que le délai est court et, souvent, ayant en mémoire la prévision de l'avant-veille, nous sommes surpris du manque de précision. Notre intérêt pourrait cibler un lieu et un moment précis, par exemple l'heure du déjeuner le weekend suivant, mais les calculs tant pour ce qui est des trajectoires que des vitesses des masses d'air sont d'autant moins précis, on pourrait même dire plus aléatoires, que les observations sont plus à distance des annonces. Un manque de précision implique une fourchette de possibles statistiques prévisibles par le calcul alors que l'aléatoire, lui, rend compte de la totale imprévisibilité, une sorte de chaos d'où serait issue la forme ou l'altitude du nuage.

Un chercheur du Massachusetts Institute of Technology, Edward Lorenz, météorologue, a noté que de très petits changements dans des fonctions simples aboutissaient au bout de nombreuses itérations à des représentations chaotiques, sans forme identifiable à première vue, à la fois tout le temps semblables et tout le temps différentes. Il a nommé attracteurs étranges les points de convergence permettant d'identifier les représentations graphiques des itérations, puisqu'au-delà d'un certain degré de liberté, les représentations graphiques revenaient toutes vers des points confondus ou très proches permettant de discerner des périodes et des formes « dissemblantes » ou ressemblantes. En réalité, travaillant sur les nuages, il imposait des limites aux itérations de ses fonctions, puisqu'un nuage ne peut, pas plus que n'importe quel autre contenu, s'extraire des contraintes de son environnement, par exemple la température, le vent ou la pesanteur. Il me semble que le terme d'attracteur étrange, partie intégrante de la fonction, pourrait donc être associé à celui de limitant externe, condition intrinsèque de l'espace dans lequel évolue la fonction. Le parallèle que je tente, vous l'avez désormais perçu, entre la biologie d'une part et d'autre part Lorenz, les nuages, le chaos des mathématiciens et les fractales, ces représentations identiques et dissemblables aboutissant à des formes que nous pouvons identifier, peut paraitre hardi. Pourtant, nous sommes bien formés de 60 % d'eau, baignons dans de l'air peuplé de nuages, duquel nous puisons l'oxygène, permettant la production de toute notre énergie, la conditionnant sans doute. Quant au soleil, il suffit de regarder la carte des embouteillages des départs en vacances pour en comprendre l'importance. Enfin, les chromosomes une fois dupliqués au moment de la division cellulaire vont en effet se séparer en deux, chaque moitié de la quantité nouvelle migrant à un bout de la cellule constituant le futur patrimoine génétique de chaque nouvelle cellule, chaque stock étant très légèrement différent par rapport à la cellule mère et entre chaque cellule fille, de manière aléatoire. Une « dérive génétique » spontanée se produit donc, de manière imprévisible lors de la séparation des chromosomes portant le code génétique induisant après réparations, sans doute rarement parfaites, des changements qui vont amplifier de manière aléatoire les changements métaboliques.

Au total nous sommes bien le lieu de représentation, appelé phénotype, de changements permanents infinitésimaux qui, additionnés, sont capables de modifier en quelques années notre image, plus brutalement lors de maladie, au point de ne plus pouvoir nous reconnaitre. Nous sommes ainsi confrontés à chaque itération, division, période de temps séparant deux observations, à des différences n'empêchant pas toutefois l'identification de similitudes, — nous ne paraissons pas non humains avec le temps —, ces similitudes pouvant être considérées jouer le rôle des attracteurs étranges.

Dans une telle perspective, c'est curieusement la périodicité de l'observation qui donne le tempo apparent du changement puisque le changement est permanent, fluide, comme un nuage de lait dans une tasse de thé. L'importance du changement est dépendante initialement de la nature du lait ou du thé, changeant insensiblement durant l'observation, mais évidemment différente lors de la comparaison de l'image avant et après, donc dépendante du temps qui s'écoule entre deux observations ainsi que des conditions environnementales auxquels sont soumis lait et thé. Nous nous trouvons exactement dans la même situation que lors d'une représentation fractale, pour laquelle le format après plusieurs itérations demeurera identifiable, chaque courbe ressemblant en gros à la précédente et à la suivante, mais sera influencé par des paramètres limitants externes. Chaque courbe aura par exemple une amplitude un peu plus grande que la précédente, mais au-delà d'une certaine valeur elle « produira » des courbes qui seront chacune plus petite que la précédente jusqu'au retour au point de départ. Ce sont donc les petits changements multiples et quasi continus en fonction du temps, perçus par un observateur de longévité suffisante, conditionnés par des variables extérieures qui changent le format global du résultat, selon des fonctions mathématiques très simples, produisant du « un peu plus ample » ou du « un peu plus petit ». On pourrait dire que ce qui importe le moins dans une telle représentation c'est le point de départ, la nature initiale. Certes il va « conditionner » tout le reste, mais à son corps défendant, au point que « subir » serait plus juste. Si les facteurs limitants externes changent trop, l'évolution de la fonction se fera quand même, donnant encore quelque chose de connu, mais l'inflexion se fera dans un sens imprévisible puisque ce sera le nombre d'itérations pendant le temps de l'observation qui produira le nouveau format global, passant cependant encore, à un moment donné, par un attracteur étrange.

Croissance et décroissance du vivant

Un vivant est partagé entre une homéostasie de tous les instants et un changement permanent, prenant malgré tout un format à peu près reproductible. L'homéostasie est la tendance à maintenir le métabolisme, les fonctions et le format d'un individu dans des conditions optimales malgré les adaptations nécessaires. Ce fonctionnement peut, soit être considéré comme la somme algébrique de tous les processus aboutissant au phénomène vivant, soit être considéré comme la tendance globale à vivre le plus longtemps possible, quels que soient le format ou les formats adoptés par chaque processus, pour peu que ces formats soient compatibles avec la persistance à vivre. Pour une des deux approches, on adopte une démarche déterministe cartésienne, chaque cause aboutissant à un résultat et la somme des résultats reproduisant l'ensemble avec toutes ses fonctionnalités, alors que pour l'autre approche on part du principe que l'objectif du vivant est de vivre sous un format global sans se soucier de l'intime de chaque processus. Le résultat de chaque cause est parfaitement déterminé mais le résultat est fondu dans un ensemble également parfaitement indissociable, on dira stochastique puisque seule l'observation *a posteriori* sera capable de préciser le nombre d'individus portant tel ou tel caractère, ayant telle ou telle résistance à tel changement de son biotope. Dans les deux cas, l'ensemble des formats successifs pris par le vivant donne un aspect bi-phasique au changement global de format qu'un observateur extérieur et patient du vivant pourrait constater. On peut le résumer en effet en une phase de croissance, s'étendant de la naissance à l'âge adulte, et ensuite de décroissance, de l'âge adulte jusqu'au décès.

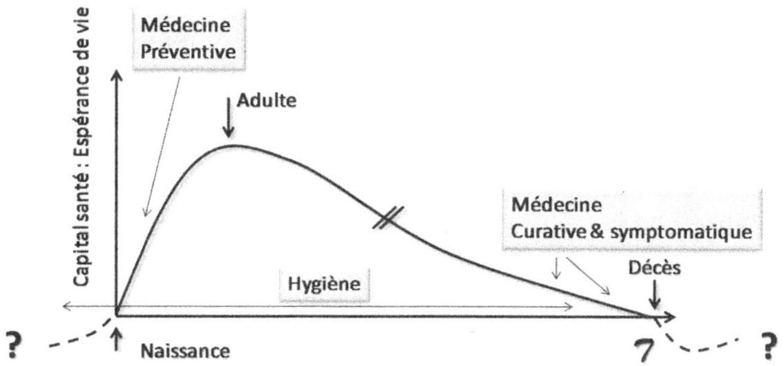

Figure 7 : Évolution de l'espérance de vie en fonction du temps. Influence des pratiques de santé

La période de croissance est une auto-organisation gagnant en complexité et en volume, la décroissance se traduisant comme une lutte pour maintenir les acquis de la croissance. Cette décroissance n'est pas un vain mot puisque nous perdons un centimètre de notre taille tous les dix ans à partir de 40 ans, ce qui constitue autant une résultante de nombreux autres processus que celle qui aboutit à une croissance observable. Entre les deux se trouve un point d'inflexion qui est l'âge adulte, point qui, se retrouvant pour chaque vivant comme la naissance et la mort, constitue donc la limite externe « d'excursion » de la fonction globale de vie.

Ce point est hypervariable d'une espèce à l'autre, mais peut être retrouvé constamment chez les êtres complexes, quoique souvent difficile à caractériser, pour les uns âge pubère, pour d'autres force physique maximale, pour d'autres encore… début de la sagesse. En tout cas ce point de déséquilibre entre les deux périodes de la vie est encore plus difficile à saisir précisément que celui de la naissance ou de la mort. Si nous pouvons donner une heure et une minute pour le premier cri lors de la première inspiration, une heure et une minute au dernier soupir, les porter sur les documents *ad hoc*, il est impossible de bien affecter un moment d'atteinte de l'âge adulte. Pourtant, il est le plus important de tous pour l'individu, puisqu'il fixe la fin du commencement et le commencement de la fin. Autant je me moque de ma date de naissance, faute de mieux je la célèbre chaque année, autant celle de ma mort m'importe, mais je ne peux l'entrevoir qu'à partir de l'instant où j'ai dépassé cet âge adulte. Cet instant correspond bien à la définition de l'état instable d'Ilya Prigogine (1917-2003) aboutissant à un phénomène dissipatif, lui-même formé d'une somme inimaginable de phénomènes de ce type. Prigogine et Isabelle Stengers (1949-) ont tenté de jeter un pont crédible entre la théorie physique thermodynamique et la réalité physicochimique de la biologie. Ils ont été intrigués, bien avant moi, par le décalage entre les deux mondes, l'un chaleureux et lumineux, le vivant, l'autre de plus en plus froid et sombre, l'univers. Le fruit de leur réflexion a donné lieu à controverses sur fond de déterminisme, leur reprochant de ne pas justifier la totalité de leur hypothèse, à la fois « obligatoire » et aléatoire, extrapolant les résultats en chimie des états instables de Prigogine[34].

[34] I. Prigogine, in *La querelle du déterminisme*, Krzysztof Pomian éd. Gallimard, 1990.

Figure 8 : Représentation de l'entropie, ici un œuf.
a-Entropie faible, énergie interne faible
b-Entropie faible, énergie interne forte (état instable de haute énergie)
c-Entropie forte, énergie interne faible (état instable de faible énergie)

La seconde loi de la thermodynamique nous dit que tout phénomène tend vers son plus haut niveau d'entropie, c'est-à-dire à sa liberté maximale de possibles. Prigogine décrit deux états instables : l'un de haute énergie interne potentielle, l'autre de bas niveau. Le premier peut être assimilé à un œuf dont on a augmenté l'énergie potentielle interne en le juchant sur un piédestal. Le second correspond à l'œuf soit demeuré dans sa soucoupe soit une fois tombé de son piédestal. Il est impossible de reconstituer l'œuf à partir des éléments cassés et à part une omelette on ne peut rien en faire. L'autre œuf en revanche peut devenir un poussin à condition d'être dans des conditions favorables de température qui permettront à des phénomènes énergétiques de nature oxydative de se produire. L'avenir de l'œuf sur son piédestal peut revêtir n'importe quelle forme, mais une possibilité est en fait beaucoup plus probable que les autres. L'avenir de l'œuf est en fait assez semblable dans tous les cas, piédestal ou soucoupe, l'énergie externe conditionnant la probabilité de la différence, dans un cas mécanique portant l'œuf en hauteur, dans l'autre thermique. Dans le monde vivant le devenir le plus probable de l'état instable de haute énergie interne est très souvent le même, Prigogine le dit « auto-organisant » et pas simplement destructeur comme le voudrait la pichenette apportant l'énergie supplémentaire à l'œuf. Dans le cas du vivant, la pichenette est un processus biochimique ne pouvant survenir qu'au moment de cet état instable et induisant presque toujours un résultat de même nature initiale, donc prévisible, mais aux conséquences aléatoires, pour peu que les conditions limitantes extérieures permettant l'occurrence de ce processus soient les mêmes ou proches. Cette auto-organisation est, je crois, toujours une oxydation qu'elle se manifeste sous la forme de l'ajout d'un atome d'oxygène sur un substrat instable ou de l'arrachement d'un électron. Ceci explique pourquoi la production d'énergie est centrale dans une telle approche : non seulement elle est cause d'instabilité mais elle est aussi moteur d'auto-organisation.

Une cellule, par exemple, va au cours de sa vie vivre autant qu'elle le pourra compte tenu des capacités « embarquées » par elle à sa naissance, et ce en fonction des échanges avec le milieu extérieur. Que ces échanges lui soient favorables, optimaux par rapport aux besoins et la longévité sera optimale. Que ces échanges soient très, voire trop, favorables et elle va intensément vivre, mais s'épuiser à vivre. Son métabolisme s'il ne s'adapte pas à cette vie trépidante, c'est-à-dire ne lui permet pas de vivre autant que dans des conditions optimales pour le métabolisme d'une cellule « normale de ce type », va devoir innover, puiser dans des processus mémorisés mais obsolètes, voire faiblement mémorisés, par exemple juste l'étape d'entrée dans ce processus. En absence de solution mémorisée disponible, la seule issue est la mort. La seule autre alternative offerte à la cellule sera de se diviser, donc de diviser en deux un déficit et combler les deux demi-déficits. Il faudra d'ailleurs attendre que deux cellules de type identique et topographiquement proches soient en fin de vie, sans présumer des processus forcément différents qui les ont amenés là, afin que le tissu conserve son format de départ et ne double pas de volume à chaque mort cellulaire. Nous avons vu que c'est le métabolisme qui induit de l'usure *via* des espèces radicalaires de l'oxygène[35] possédant un électron célibataire et donc réactives. Ces espèces instables doivent pour retrouver la stabilité dissiper leur énergie en excès et en réagissant avec un peu n'importe quoi dans la cellule ce qui va aboutir à des anomalies qui seront corrigées au fur et à mesure, tant que la cellule a la capacité de le faire. Ce « n'importe quoi » pourra être un oxygène, ce qui entrainera localement une dégradation du substrat. Il arrivera cependant un point, un électron en trop en fait, qui fera déborder le vase cellulaire ce qui déclenchera l'entrée en division ou la mort si les réserves de production d'énergie sont par trop entamées.

Cet électron célibataire en trop correspond à l'œuf amené au plus haut du piédestal énergétique, désormais au bord du précipice. Le format de cet ultime électron célibataire est R° qui peut aussi réagir avec n'importe quel oxygène dans une configuration triplet ou singulet puisque l'interdiction de Wigner ne joue plus donnant alors R →R-O_2°. À partir de là tout redevient possible, en fonction des probabilités, y compris des réactions en chaine de polymérisation. Le milieu extérieur de la cellule joue à deux niveaux : disponibilité des substrats conditionnant le métabolisme cellulaire et création des conditions de déclenchement d'une auto-organisation par la disponibilité de l'oxygène à son état énergétique le plus bas, l'oxygène excité étant, lui, « organisant » essentiellement en conditions « extrêmes » qu'elles portent sur le substrat ou l'oxygène. Cette oxydation, l'élément clef de la biochimie du vivant, peut être estimée auto-organisante quoique les

---

[35] Ce sont les radicaux libres tant évoqués dans les médias. Ce sont des atomes ou molécules contenant un oxygène avec un électron non apparié sur l'orbite externe et donc ne demandant qu'à en rencontrer un autre.

conséquences immédiates n'en soient pas discernables et elles-mêmes largement aléatoires, résultant d'une vie de cellule. En tout cas ce phénomène, toujours le même pour ce qui est de sa nature, induira chez toutes les cellules d'un individu, mais aussi par conséquent chez tous les individus, des réactions du même ordre. Quand un enzyme vient attaquer une molécule de glucose, ce qui se fait en présence d'oxygène, cet oxygène à son tour pourra attaquer le glucose, le résultat étant l'entrée dans une cascade d'évènements aboutissant à une production d'énergie, mais ne présumant aucunement ni du rendement de la réaction ni de l'utilisation de cette énergie. C'est la nature même de cet oxygène qui rend hautement probable une séquence oxydative d'évènements dès lors que les conditions sont réunies, mais hautement improbable l'attaque directe du glucose par l'oxygène lorsque l'oxygène est inerte alors qu'il est indispensable et ubiquitaire. Ce processus sera organisant par exemple pendant la croissance en amenant une énergie adaptée, soit désorganisant au-delà, lorsque les apports seront inadaptés, quoique s'essayant, en vain, au maintien de l'homéostasie. Notre désir de reproduction de la fin de l'été, en prévision d'un accouchement au printemps ne serait-il pas, à l'extrême, le clin d'œil d'un trop vécu estival dans la chaleur et la lumière, selon la loi de Dalton, quoique souvent masqué par des conduites sociales complexes ?

Nous observons bien une augmentation d'énergie interne potentielle pendant la croissance et une bascule dans une direction imprévisible, quoiqu'à terme identique, à l'acmé de la courbe. C'est le format initial, contraint constamment par les conditions extérieures, qui a conditionné le format adulte et ce sont encore les conditions extérieures à l'individu qui vont conditionner l'orientation du phénomène dissipatif. La bascule d'un état dans un autre, à cet instant, n'est pas forcément immédiate sitôt que le maximum est atteint, mais on peut imaginer que des circonstances doivent conjointement être présentes pour que la déstabilisation se fasse toujours à peu près dans le même sens ou du moins un sens comparable d'un individu à l'autre. Nous sommes face à un effet papillon initialisant une cascade imprévisible certes, se produisant à tout coup dans un format proche malgré des différences de format à la naissance et des croissances différentes et se propageant n'importe où et n'importe comment, les deux « n'importe » ne dépendant que du format de l'évènement immédiatement précédent. Le point d'inflexion entre croissance et décroissance entre deux instants ne peut-il constituer un attracteur étrange métabolique, l'oxygène jouant le rôle de l'agent déclenchant du phénomène dissipatif dès lors que les conditions optimales ou minimales sont remplies ? Mills[36,37] au fond ne suggère pas autre chose quand il attribue en 2014 un rôle décisif à de faibles variations de concentration de l'oxygène terrestre dans l'évolution des espèces, refusant de ne considérer que son augmentation de concentration. Enfin, si ces hypothèses énoncées par Prigogine concernant les états instables sont vraies sur Terre, pourquoi n'en serait-il pas de même partout ailleurs, puisque l'oxygène est identique où qu'il soit dans l'univers ?

Des limites étant atteintes lors de la croissance ou de l'évolution au-delà desquelles l'homéostasie ne pourrait être maintenue compte tenu de la pesanteur, de la pression partielle en oxygène (pO_2), de la température, une oxydation de plus entraine une « cascade métabolique » faisant déborder le vase de croissance vers la décroissance.

---

[36] D.B. Mills, Oxygen and evolution: did a rise of athmosphéric oxygen « trigger » the origin of animals? *Bioessays*, 2014, 36, 1145-1155.

[37] D.B. Mills, Oxygen requirements of the earliest animals, *PNAS*, 2014, 111, 4168-4172.

Étant d'une certaine taille, obéissant à une certaine pesanteur, bénéficiant d'une certaine nourriture, dans un climat donné avec une certaine pression atmosphérique, il arrive un moment où les performances requises du fait des contraintes sur l'ensemble ne sont plus atteignables globalement et par conséquent pour chaque micro évènement de chaque instant. Une petite pichenette sur notre œuf le fera trembler un peu, une plus forte l'approchera du précipice et une infiniment petite pichenette supplémentaire provoquera une cascade irrémédiable. Un point de non-retour est atteint car chaque évènement est déduit du précédent et des conditions dans lesquelles il s'est produit. Même si je rapetisse avec l'âge, je ne redeviens pas pour autant capable de jouer avec mes pieds, c'est même tout le contraire, car les processus en action, pourtant de même nature, ont atteint des limites externes et affecté de nombreuses possibilités pour prix de mon auto-organisation en un certain format. Je ne peux donc plus involuer pour recommencer à zéro, ce qui est bien regrettable. Pour rester nouveau-né, il faudrait ne pas vivre. Un vivant est donc le résultat irrémédiable de variations *à peu près* cycliques, *un peu* excentrées, illustrées par la « transformation du boulanger » ou le « paradoxe du photomaton » représenté par les duplicata d'une image numérisée carrée et de lignes paires, dont un ou quelques pixels sont modifiés à chaque copie de manière régulière. La réalisation de copies ultérieures aboutira au bout de nombreuses itérations, par exemple plusieurs milliers, à l'image de départ. Seuls les calculateurs permettent de visualiser le résultat de ces fonctions, et il n'est pas étonnant que leur portée n'ait été que récemment considérée. Il me parait cependant improbable, et à Prigogine bien avant moi, que ces mathématiques nouvelles et les représentations graphiques de leurs fonctions puissent n'avoir aucun rapport avec la complexité du vivant, c'est-à-dire sa capacité à se dupliquer approximativement par la duplication régulière également approximative de chacun de ses éléments. La définition du vivant est probablement bien celle énoncée plus haut : *Évènement de format organisé déterminé par l'extérieur, mais luttant contre l'entropie par l'intérieur, quoique vainement in fine.*

Le vivant ubiquitaire ?

Plusieurs points m'interpellent au terme de ce bilan des forces en présence. Les études contrôlées (malades placés au hasard parmi des témoins sains) menées au sein du laboratoire explorant le rôle de l'oxygène donnent des résultats meilleurs, moins dispersés autour d'une moyenne serait plus juste, que les études ouvertes (malades recrutés successivement), tous les résultats étant cependant d'un type conforme aux hypothèses formulées au départ de la recherche. C'est habituellement l'inverse qu'on observe : plus l'étude est contrôlée et moins bons sont les résultats voire perdant tout lien avec l'hypothèse. Pour une pathologie au cours de laquelle la production d'énergie est centrale et où la pathologie génère des désordres dans cette production d'énergie, l'exploration de la résistance aux processus oxydatifs est d'autant plus précise et conforme à l'hypothèse que les malades sont davantage sélectionnés plus au hasard. Pour ces pathologies force est de constater que l'exploration des pistes « génétiques » ne donne que peu de résultats et au contraire devient incompréhensible lorsque les malades sont davantage choisis au hasard. Comment expliquer ces discordances, l'apparente indépendance affichée de la production d'énergie par rapport au code originel ? La seule option est bien d'inverser les rôles respectifs supposés entre la production d'énergie, considérée accessoire dans le paradigme biologique en vigueur, et le noyau centre de tout. C'est en fait restituer un rôle premier à l'oxygène et à la lumière qui sont ubiquitaires dans un univers dit thermodynamiquement condamné au chaos.

Cette opposition paradigmatique reflète le combat insoluble entre hasard et nécessité, entre déterminisme et quantisme, combat issu des différentes révolutions scientifiques du XIXe et du XXe, combat en France dominé malheureusement par la figure tutélaire de René Descartes (1596-1650). Regarder le noyau centrant le reste de la cellule, le cytoplasme, n'est-il pas plaquer la dissociation entre esprit et corps, entre intelligence organisatrice et désordre probabiliste incontrôlable, entre volonté de Dieu et soumission à la nature ? Je crois que cette querelle du déterminisme n'a pas lieu d'être car elle ne repose que sur une différence de point de vue, arbitraire et donc contestable. Le regard posé sur le résultat, c'est-à-dire sur le monde physique que nous percevons, ne peut que le constater globalement et considérer seulement la dernière étape l'ayant formé. Or, si le résultat visualisé est global, les voies y menant sont variables, de la même façon qu'il y a de nombreuses voies menant par addition de chiffres au nombre 10 par exemple, en fait un nombre considérable de combinaisons surtout si on inclut les soustractions, y compris si le point de départ est connu, par exemple zéro. Le déterminisme, étudiant chaque combinaison isolément ou la dernière étape du processus avant le temps de l'observation, aura juste à chaque fois, mais sera dans l'incapacité de démontrer quelle voie a été privilégiée dans le processus menant au résultat. La démarche purement aléatoire ne produira pas davantage de résultats. La réalité est finalement au milieu : un nombre infini de combinaisons aboutit au résultat observé, certaines combinaisons étant favorisées par une infinité de circonstances attirant étrangement chaque combinaison prise individuellement vers presque toujours le même résultat. Les hypothèses de Prigogine sont de fait les seules rendant compte de la réalité que nous observons.

Ce résultat pour ce qui est du vivant est avant tout une production d'énergie, sous l'influence initiale de deux paramètres au moins, lumière et oxygène, permettant une organisation dont seul le résultat global nous est accessible. Ce résultat est en fait « incroyablement » ou « inimaginablement » complexe car nous ne sommes plus dans un résultat final comprenant un nombre d'étapes d'ordre 10, mais un nombre énorme s'il s'avérait mesurable, en tout cas inconnu dans l'état actuel des choses, et surtout variable en fonction du temps selon des paramètres indépendants et non contingents. Il ne s'agit pas simplement de dimensions impensables et impensées, mais de catégories et de représentants par catégories impensables car fluctuant sans cesse, comme le nombre de nuages ou le nombre de molécules d'eau de chaque nuage et même leur position relative à un instant donné dans chacun. L'univers pris dans sa globalité est au fond assez simple (satisfaisant à l'archétype jungien de la mère), avec un début impair, une évolution paire et une fin unique. Simple, certes, mais en passant sous silence qu'aucune phase n'est en fait connue de manière certaine, la réussite de son décryptage étant même incertaine. Le vivant quant à lui apparait être un univers en soi, quoiqu'inclus dans l'autre plus vaste, mais beaucoup plus complexe que lui, rien ne s'y écoulant de manière réellement linéaire, mais quantique, c'est-à-dire par sauts, selon des voies en nombre infini.

Si décrypter l'univers vivant par le menu m'a toujours semblé assez vain, se poser la question du pourquoi d'une telle complexité a toujours tourmenté les penseurs. Bien que réfutant par essence l'idée d'un créateur obscur, il ne me semble pas possible non plus de partir de l'idée que « ça ne peut être que comme ça », sans aucune raison, par le simple fait d'une somme de hasards déterminés en quantité infinie, se renouvelant toujours plus. Le format du vivant serait une solution hasardeuse parmi d'autres possibles. Dans ce cas le retour en sens inverse d'un phénomène d'ordre thermodynamique devrait pouvoir se faire. L'œuf, en le regardant assez, devrait pouvoir se reformer, or ce n'est pas le cas, au moins pas dans une échelle de temps déterminable. En fait, poser le problème du sens de l'évolution et de l'évolution de la complexité des espèces vivantes est une manière de former une hypothèse quant à l'appréhension du résultat sans chercher à comprendre les voies y menant. Un tel sens n'est pas forcément issu d'une logique créationniste, ni même d'une logique évolutionniste linéaire. On pourrait considérer qu'à partir d'une combinaison d'éléments donnée, un déclic se fait qui, à chaque fois, produit les étapes initiales permettant ensuite l'évolution dans le sens de la complexification progressive, darwinienne ou lamarckienne. Inversement refuser l'hypothèse d'un sens à l'organisation complexe du vivant serait s'obliger d'une part à nier la complexité, au moins à notre échelle, et rendre synonymes vivant, complexité et hasard, et par suite univers et hasard, puisque l'univers contient le vivant.

Ce qui est gênant en considérant le vivant n'est pas tant d'envisager sa création, nous avons formulé une hypothèse purement physicochimique et bien d'autres ont été proposées, que de le penser évoluant linéairement et toujours orienté dans un même sens. Rien n'interdit pourtant des régressions ou des suppressions en sus des additions, ni surtout des sauts organisationnels ou des déclics, dans un sens ou dans l'autre. Dès lors que nous proposons que le vivant soit fonctionnellement décrit comme transformant l'énergie en acquérant la capacité de se diviser, nous identifions le fait vivant indépendamment du fait humain qui n'en est plus alors qu'un avatar, mais en le rattachant à un ensemble plus vaste. Le sens du vivant n'est pas alors de penser mais de se multiplier au mieux, du point de vue de la biomasse, ce qui peut impliquer de penser, mais n'est pas du tout obligatoire. Ceci aboutit à ce que nous ne projetions plus le vivant, quelle que soit sa complexité ou son niveau d'intégration, dans une démarche cinétique, une sorte de flèche du vivant en sus d'une flèche du temps, ce qui se traduit culturellement par la notion de sens, dans une logique massique permettant de le confronter au reste de l'univers par une sorte d'adéquation des échelles.

Lumière, oxygène et vivant coopèrent et aboutissent à la libération d'azote, témoin ultime de cette coopération, matériau nécessaire à l'alimentation du cycle, résultant des « déchets ». Le sens du cycle est donné spatialement, initié par la présence d'oxygène et de lumière mais pouvant se poursuivre souvent à l'abri de la lumière pour aboutir à la dégradation du matériau vivant et à la libération de l'azote. Le sens de ce cycle sur lequel vient se greffer l'Organisation est mystérieux. L'envisager un seul instant projette dans la case déterministe ou pire encore dans la case mystique. Pourtant, le cycle génère de la complexité, de l'information, du codage, donc de l'énergie « cachée » quand l'expansion de l'univers génèrerait plutôt de la simplification et une dissipation progressive de l'énergie initiale. Il y a un grand écart apparent et augmentant entre les deux situations, alors que le vivant est inclus dans le reste de l'univers. Le pourquoi de cette situation étrange dépend beaucoup de la réponse à la question : la vie est-elle unique et uniquement sur terre alors qu'oxygène et lumière sont ubiquitaires ? Ne peut-on imaginer que la réponse se situe non pas à l'échelon du type de vivant, mais à celui du vivant en tant que tel ou même de matériau prébiotique ? Le sens du vivant est peut-être simplement sa capacité à se reproduire et donc à « stocker » le mieux possible une quantité du désordre entropique, lui-même

« stocké » pour une part sous la forme de composés organiques. C'est après tout la fonction de la croissance s'étendant de la naissance à l'âge adulte que d'organiser la matière mieux que le naturel ne le pourrait spontanément, cet âge adulte étant marqué quant à lui par un bilan entropique négatif à partir de cet instant, se terminant par le retour à l'azote initial, le plus tard possible.

Arrivé où nous en sommes, je peux me risquer à proposer comme hypothèse que le rôle du vivant est de produire de la matière, non plus sous une forme massique regroupée par interactions chimiques pures mais organisée, limitant au mieux l'entropie, le cerveau étant l'optimisateur éventuel de cette production. Nous passons ainsi d'un pondéreux à une forme identifiable éventuellement reproductible. Comme les conditions de la vie sont ubiquitaires, pour ce qui est des éléments fondamentaux, la vie n'est probablement pas un phénomène rare et par conséquent pourrait être un régulateur d'entropie de grande envergure, de taille finalement comparable ou adéquate aux dimensions de l'univers. Cet univers serait alors en expansion limitée ou en voie de stabilisation du fait de la concentration vitale. C'est ce que suggère Schrödinger (1887-1961, Nobel 1933) en écrivant que la vie est « de l'ordre dans le désordre »[38]. Schrödinger expliquait cette neutralisation entropique par le vivant en établissant une analogie entre les deux états de la matière organique, ordre et désordre, avec des quartz oscillants de manière asymétrique, l'organisation résultant, elle, d'un langage, c'est-à-dire d'un codage individuel, le lien entre chromosome et hérédité venant d'être révélé. D'une certaine manière alors qu'il avait décrypté des états généraux de la matière, le vivant y échappait par la discrétion du

[38] E. Schrödinger, *Qu'est-ce que la vie ?*, édition originale en anglais (*What is life?)*, Mc Millan éd. 1946.

codage, non par des lois générales découlant de ces états généraux. En 1946, le vivant venait juste d'être programmé individuellement, comme si la mise en évidence d'un codage représentait un soulagement de ne pas voir le vivant et l'humain réduits à de simples matières, simplement moins inertes grâce au verbe, situation intégrée par Schrödinger. Cette hypothèse, farfelue en apparence, reprise par Prigogine à travers l'auto-organisation et l'établissement d'une flèche du temps, a une conséquence que j'adore : la mort thermique de l'univers s'éloigne, ma vie a enfin un sens et je pourrai demain considérer mon activité comme ayant même un sens utilement collectif.

En effet, c'est bien à une divergence entre la flèche du temps universelle et la flèche du temps biologique que nous faisons face. Alors que nous sommes au premier chef concernés par le temps biologique nous admettons sans sourciller l'hypothèse d'un univers en expansion ne pouvant que devenir plus hostile. Cette hypothèse me semble en totale contradiction avec la simple observation du vivant : il ne se refroidit pas du tout et la vie se développe même de plus en plus au fur et à mesure que le temps passe. Sur Terre, née il y a 4,5 milliards d'années la vie est apparue après un milliard d'années, au fond des océans au voisinage de sources chaudes, dans des conditions pour le moins peu favorables si on considère nos standards actuels. Depuis, certes, il y eut des extinctions de masse, mais la résultante malgré ces extinctions a été, et est, une prolifération de vie alors que l'univers, lui, s'est refroidi et expansé dans un sens et un espace inconnus. Je me demande en fait comment la vie issue de l'univers peut bien suivre une voie thermodynamique diamétralement opposée, au moins en apparence, à celle de l'univers lui-même. De notre point de vue nous sommes uniques, de mon point de vue je suis unique et pour le lapin de garenne il en va de même. Par suite le regard que l'homme et le lapin portent sur l'univers inconnu, noir et froid est inversement proportionnel à la perception qu'ils ont de leur condition respective. Notre vision de l'univers est une immensité avec un seul point vivant placé par hasard un peu n'importe où, là où nous pouvons porter le regard. Or, si la vie est issue de l'univers, il est probable qu'en vertu de la première loi de la thermodynamique, elle soit en cohérence avec cet univers, et non en opposition dynamique et systématique, on pourrait dire ontologique.

Et si au contraire d'être limitée à ce point unique que nous contemplons béatement, la vie était au contraire répandue dans l'univers et satisfaisant au premier principe de la thermodynamique, on ne parlerait plus pour le vivant d'une exception universelle mais d'un phénomène initial. Celui-ci malgré tout aurait peut-être été unique, susceptible de se reproduire cependant dès que les conditions le permettraient, puis de se décliner de manière tout à la fois aléatoire et obligée. La vie ne répondrait plus à un codage singulier mais comporterait, en accessoire à des réactions de plus grand ordre, ce codage. En absence de plus grand dénominateur commun perceptible chez nous, il est impossible de placer le vivant et *a fortiori* l'humain où que ce soit dans l'univers sans insérer un Dieu quelconque dans le raisonnement, platonicien ou newtonien, car il ne ressemble actuellement à rien d'autre de connu, tant par sa complexité que par la quantité de combinaisons aléatoires possibles composant cette complexité. Au contraire, regrouper sous le vocable « vivant » l'ensemble production d'énergie, lumière, oxygène, biomasse et reproduction permet de le rattacher à plus grand et, changeant de puzzle, de lui trouver un costume plus ample mais mieux ajusté.

Il y a loin cependant de la synthèse du premier pyrrole universel à un mammifère terrestre, édifice complexe fait de cellules, au fond toutes porteuses du même code génétique de départ mais toutes différentes et ce depuis toujours. Lors de la reproduction sexuée, le spermatozoïde va rencontrer l'ovule chacun étant porteur de la moitié du stock génétique de l'individu en devenir. Ce zygote contient non seulement les caractères qui seront exprimés à travers le phénotype, mais aussi les informations qui orienteront la cellule vers des fonctionnalités de foie ou de cerveau par exemple et réguleront l'expansion de chaque famille de cellules au sein d'un organe donné. Il est possible cependant que la régulation de cette organogenèse, secondaire à la fécondation, ne soit qu'incomplètement programmée ou programmée « en gros » car une programmation en pas à pas de chaque élément nécessaire à chaque cellule, synchrone de surcroit par rapport à la réalisation d'un schéma d'ensemble, est beaucoup trop complexe pour être plausible, surtout si on considère que la cellule d'un humain doit aussi contenir tous les gènes, conservés, mais inutiles en apparence au moins, acquis au cours de l'évolution darwinienne.

Une autre option repose sur la disponibilité variable de l'oxygène et son adéquation avec l'activité de tel ou tel enzyme « essentiel » ou structurel. Au stade de LA cellule initiale, en gros une sphère, contenant les substrats de l'ovule, la diffusion de l'oxygène se fait de manière identique en tout point de la surface, mais avec un gradient de concentration diminuant de la surface au milieu et même de manière déjà très aléatoire en fonction de la présence d'isotropies dans la structure, noyau, mitochondrie ou autre, surtout si l'oxygène est apporté selon un flux orienté, ce qui est le cas dès l'implantation de l'œuf dans l'utérus. Si le milieu cellulaire ne contenait qu'un seul enzyme, les gradients multiples d'oxygène se traduiraient par des différences également multiples d'activité enzymatique et des différences de réactivité vis-à-vis de tel ou tel substrat. À une pression en oxygène de 100 % tel enzyme sera plus actif qu'à 90 % et la réactivité du produit A vis-à-vis du B sera meilleure ou moins bonne. Le centre de la cellule est donc, dès le tout premier stade, différent de sa périphérie, structurellement et fonctionnellement. De plus, chaque cellule contient plusieurs centaines de milliers de protéines et d'enzymes différents en position aléatoire les uns par rapport aux autres, comme « flottants », ce qui suggère que dès ce stade d'extrême simplification, une seule cellule, le vivant n'est déjà plus modélisable. Une certaine *différenciation*, totale et irréversible opère déjà, par simple gradient d'un seul élément l'oxygène, sans avoir recours au concept acrobatique d'épissage alternatif entre gènes[39].

Cette cellule initiale va donner par divisions successives un individu qui va croitre selon une progression géométrique de raison 2 donnant naissance à un volume formé d'un nombre pair de cellules, le blastocyste. Là encore se produisent non seulement des phénomènes de gradients de concentration en oxygène mais aussi désormais en nutriments, en produits du métabolisme et en pH, c'est-à-dire en couple oxydo-réducteurs, le centre étant moins approvisionné que la périphérie en oxygène mais davantage en autres produits du métabolisme. Une différenciation de fait se crée, d'autant plus que les divisions cellulaires nombreuses aboutissent à des consommations asynchrones, seules les cellules convenablement approvisionnées pouvant se diviser, les autres devant différer leurs divisions jusqu'à ce que les conditions optimales soient atteintes. Le même scénario prévaut pour la mise en fonctionnement de telle ou telle

[39] L'épissage alternatif permettrait d'expliquer comment 22000 gènes exprimés peuvent coder entre 100 000 et un million de protéines différentes (selon les auteurs). En fonction des besoins telle ou telle combinaison de gènes s'exprimerait.

cellule, l'activation de tel ou tel enzyme ou la réactivité de tel ou tel substrat d'autant que le métabolisme de production prédominera chez les cellules non engagées dans le processus de division. Des cellules peu exigeantes vont donc se séparer de cellules plus exigeantes aux fonctionnalités différentes. Une cellule de foie devient donc une cellule de foie parce qu'elle possède les compétences pour le faire, mais surtout parce qu'elle n'a pas le choix ou un choix limité compte tenu à la fois de sa position dans l'embryon et de celle des cellules environnantes. Le corolaire est que deux cellules prises au hasard, pour peu que leur équipement génétique le permette, s'adapteront à une pression sélective identique en produisant un phénotype identique.

Cette vision n'est rien d'autre que le prolongement du raisonnement que nous pourrions tenir quant à l'évolution de la vie sur Terre. Les conditions initiales étaient *a priori* peu compatibles avec la vie telle que nous la voyons aujourd'hui car faites de pluies acides permanentes, de différences de températures importantes, donc de vents violents, et d'absence de renouveau printanier. Un univers hostile, fortement turbulent et contrasté, peu ensoleillé du fait de l'activité volcanique, aux orages et donc aux champs magnétiques intenses, a bercé notre enfance bactérienne ou protozoaire. La vie a pourtant émergé et selon une variété inimaginable de formes, tant en mer que sur terre ou dans les airs. Il ne nous reste que les plus gros témoins, pour peu qu'ils soient minéralisés et fossilisés, pour en rendre compte. Ces conditions turbulentes qui ont exigé des compétences énergétiques variables et donc des capacités d'adaptation fréquentes au sein de composés organiques pré positionnés en quantité. La cellule située en plein vent ou au-dessus de l'eau a dû s'adapter à des conditions environnementales profondément différentes de celles vécues par la même cellule située à dix mètres de là.

Les conditions plus apaisées ont permis la stabilisation des formes les plus adaptées à ces conditions paisibles, sans présumer de leur avenir. Que les conditions environnementales au sein d'un organe donné changent et la cellule devra puiser dans ses souvenirs pour s'adapter ou périr. Pourront même coexister différents formats d'une même cellule, l'un adapté à plus d'oxygène ou l'autre à moins d'oxygène, à quelques microns de l'autre.

Moins d'oxygène a des conséquences lourdes, quoique différentes de trop d'oxygène et ce sur chaque cellule. La principale sera l'abaissement du pH, donc l'augmentation de l'acidité locale. Cette modification va immédiatement générer des modifications de température, de rendement de production d'énergie, des réactions inflammatoires. Les cellules vont se retrouver dans des conditions qu'elles ont déjà connues au cours de l'évolution et auxquelles elles ont dû s'adapter, gardant éventuellement la trace de ce succès évolutif puisqu'elles auront survécu. Elles puiseront donc dans le stock des acquis de la mémoire génomique et des processus enfouis s'exprimeront chez certaines cellules et non chez d'autres en fonction des conditions locales. L'occurrence ultérieure de conditions mieux oxygénées, ne va pas soulager thermodynamiquement la population cellulaire qui s'est adaptée, mais l'obliger à une nouvelle adaptation complète, à un nouveau « stress ». À chaque « révolution », quelle que soit son ampleur, ce sera le même imprévu. Peu à peu on observera une hétérogénéité de phénotypes considérable au sein d'une population donnée.

Face au désordre que représente l'adaptation « anormale » d'une population cellulaire à un évènement local ou général, l'organisme *entier* va devoir s'adapter en conséquence, de proche en proche. Tel cancer contenant telle population de cellules qui se met à sécréter telle hormone impliquera une réaction globale, elle aussi potentiellement anormale. C'est tout le patient qui devient un être nouveau, aberrant par rapport au point de départ. Ce nouvel état implique des fonctionnalités compromises et d'autres nouvellement acquises, le résultat allant en général dans le sens d'une inadaptation grandissante par rapport à la situation « normale » conditionnée par l'extérieur. Traiter la cause est indispensable, mais pas suffisant : outre que le traitement crée une nouvelle situation à laquelle il faut s'adapter, éventuellement périlleuse, les conséquences métaboliques induites par la cause mettront du temps à revenir à la normale, à supposer que ce soit possible, les cellules issues de cette situation de stress n'involuant pas forcément vers une jeunesse perdue, mais vers encore autre chose d'inconnu puisque n'étant jamais totalement prévisible. Identifier les conséquences de la cause est sans doute aussi important que de traiter la cause elle-même, ce qui est difficile car imposant une analyse globale et dynamique de l'univers au sein duquel la maladie est apparue.

Puiser dans des ressources insoupçonnées d'un génome cumulant les stigmates d'aventures anciennes est en fait opérer un choix parmi différentes possibilités, ce qui suppose qu'elles existent. Sans doute les rendements des réactions chimiques sont-ils variables, mais enfin elles se font, normalement, plus ou moins bien. Cette approximation adaptative, le choix de voies alternes proches quand la voie principale s'avère impraticable, permettent une fluidité quasi instantanée de l'adaptation en fonction des besoins. Qu'il fasse chaud ou froid, que l'effort soit plus ou moins intense, la régulation de l'homéostasie aura le choix des moyens. Toutefois des limites doivent être respectées, des normes au-delà desquelles les excursions auront des effets délétères et incontrôlables aboutissant à la maladie, se révélant par des symptômes, comme nous le verrons plus loin. Il existe d'autres stratégies d'évitement des conditions environnementales difficiles, à la fois plus radicales et plus risquées. Parmi celles-ci il y a l'hibernation. Ce phénomène omniprésent dans le règne animal se trouve complet une dernière fois chez des pré-primates, dont le lémur-lémur, avant d'être remplacé par des stratégies de choix métaboliques pour les espèces issues d'embranchements ultérieurs. Un ralentissement profond des processus métaboliques plonge l'animal dans une sorte d'état végétatif au cours duquel la consommation d'énergie sera minimale, mais jamais nulle. En fonction des conditions limites de chaque espèce, le plus souvent en lien avec trop d'énergie à produire, trop froides, pas assez lumineuses chez les reptiles ou trop humides chez les lémuriens, l'épargne d'énergie et donc d'usure précoce se fait par une mise en « stand-by », le temps que les conditions redeviennent acceptables. Cette stratégie ne marche bien que si le taux de reproduction est élevé car l'endormissement sans réveil ne peut jamais être exclu *a priori*.

L'hibernation a, pour les espèces qui la pratiquent communément, l'avantage de l'efficacité, mais l'inconvénient de l'incertitude du réveil comme de l'endormissement. S'endormir suppose un nid douillet, c'est-à-dire limitant les déperditions thermiques, prêt à l'heure dite, qui doit être anticipée quoiqu'incertaine. C'est assez simple pour le lézard qui percevra, à travers l'écaille occipitale par sa glande pinéale, le déclin sur l'horizon de la lumière, beaucoup plus aléatoire pour le hérisson qui doit continuer à chasser un gibier se raréfiant tout en se tenant prêt pour un endormissement potentiellement impromptu dès que la température tombe au-dessous de 8°C. L'abondance d'escargots, dès que l'humidité revient à la fin de l'été puis leur raréfaction à la baisse de température, constitue en soi un signal. L'endormissement en hibernation s'accompagne d'une réduction des besoins, mais pas de leur suppression totale et la consommation d'énergie quoique basse ne sera pas nulle. Que les réserves de graisse soient insuffisantes au début de l'hiver et il y aura repos éternel si l'hiver est prolongé, les graisses résiduelles ne permettant plus la remise en température au réveil lorsque la température dépassera durablement 10 ou 12 °C. Cette stratégie de mise en « stand-by » se retrouve à l'état de trace chez l'homme, quoique masquée par des artifices sociaux, conduites de reproduction à l'automne pour l'accouchement au printemps, fréquentation assidue du coin de la cheminée dès que la température baisse, endormissement au plus tôt les soirées d'hiver et même pour une part au cours de l'alternance veille-sommeil.

La stratégie du choix métabolique vis-à-vis des caprices de l'environnement est nettement moins risquée que l'hibernation, mais nécessite d'avoir la capacité de s'adapter. Ceci implique que des mécanismes variés soient en mémoire et soient susceptibles d'être mobilisés, c'est-à-dire qu'une évolution se soit produite face à des accidents variés antérieurs. En absence d'adaptation suffisante, en absence de confrontations à des défis métaboliques réguliers réactivant des stratégies du passé et les mettant au gout du jour, une cascade d'évènements indésirables est à prévoir, conduisant directement à la maladie et à la disparition malthusienne. Le vieillissement n'est pas autre chose qu'une auto désorganisation, identifiable à de l'usure, rendant impossible des adaptations trop fréquentes et d'amplitudes disproportionnées par rapport aux possibles résiduels. Cependant, toutes nos cellules comportent des phases plus ou moins prolongées d'endormissement, on parle de quiescence, ressemblant beaucoup à une hibernation métabolique, parmi lesquelles justement les cellules souches de notre organisme, celles qui servent à reconstituer les stocks de cellules fraiches usées. Leur division, au lieu de donner deux cellules identiques, produit, au cours d'une division asymétrique, une cellule fille plus adaptée fonctionnellement que la cellule mère, on dit plus différenciée, et une cellule mère et identique donc à la cellule souche.

Notre format même n'est pas aléatoire, mais résulte de disponibilités énergétiques ou hémodynamiques. La bipédie que nous partageons avec nombre d'oiseaux a des conséquences sur notre format à moins que ce ne soit le format qui soit responsable de la bipédie, seule solution plausible au problème posé par l'environnement de nos débuts. La bipédie impose un gros cœur capable de pousser du sang sous une forte pression vers le cerveau qui ne sait fonctionner qu'au glucose et à l'oxygène. Le cerveau agit comme le brise-jet du robinet vis-à-vis du sang qui lui arrive pour en extraire l'oxygène. Plus le cerveau est gros et plus la pression sanguine de perfusion devra être forte pour distribuer un minimum vital d'oxygène partout, plus si possible. Or, l'oxygène nécessaire au cerveau est considérable puisqu'on estime que 20 % de l'oxygène inspiré est requis par le cerveau qui ne représente que 2 % de la masse corporelle. Ceci implique que le cœur ne peut que d'autant moins servir à irriguer les 98 % restant de masse corporelle, les muscles par exemple. Pendant l'embryogenèse, ce qui deviendra le cerveau peut être représenté comme un haricot creux au bout d'un tuyau rectiligne et pulsatile. Proportionnellement l'onde systolique cardiaque est un temps surdimensionnée puisque les vaisseaux ne sont pas contournés, comme ils le seront ultérieurement, mais rectilignes. Le cerveau va donc se dilater sous la pression, pousser comme un bourgeon, et les cellules se multiplier puisqu'il y a beaucoup d'oxygène disponible sous une pression élevée, dans un espace contraint par les cartilages encore flexibles qui plus tard donneront les os du crâne. Cette contrainte spatiale permettant de limiter l'expansion cérébrale maintient aussi une pression de perfusion sanguine et une alimentation en oxygène à des niveaux raisonnables, mais ménageant des zones hétérogènes. Nous ne serions pas nés avec un gros cerveau pour des raisons divines, mais parce que nous aurions un gros cœur et de petits muscles squelettiques, parce que nous serions bipèdes en un mot. On pourrait ajouter que nous ne pouvons être que bipèdes : le volume cérébral ne pourrait brinquebaler sans dommage au bout de vertèbres qui seraient horizontales. La pression exercée par la masse du cerveau sur le rachis doit s'exercer verticalement, faute de quoi nous serions, à cerveau identique, quasi immobiles. L'évolution des primates a peut-être suivi ce cheminement : moins d'oxygène, ce qui correspond à ce qui se passe en zone chaude et humide, donc un plus gros cœur, puis un plus gros cerveau, donc un redressement, puis la perte progressive de l'aptitude à grimper aux arbres, enfin la main aux jolis petits muscles. Ce qui a été sans doute la condition *sine qua non* est la capacité à métaboliser n'importe quelle nourriture pour être en mesure de la transformer en énergie, sans trop de dégâts oxydatifs collatéraux, créant ainsi une *indépendance* écologique. Peu importe l'inconvénient de la bipédie par rapport aux prédateurs véloces et vindicatifs puisqu'on peut aller n'importe où : qu'il le garde donc son bout de forêt, le quadrupède à grandes dents acérées, nous, on va dans le désert…

La Maladie

Objet de toutes nos angoisses, la Maladie est l'ennemi public numéro 1, celui que l'on imagine surtout chez l'autre, celui qui jonche notre parcours de traces que nous tentons avec constance d'enfouir, mais qui ressurgissent en flots toujours plus importants et redoutés quand l'âge avance. Plus ou moins conscients d'un terme inéluctable celui-ci nous prend pourtant toujours par surprise tant nous espérons de la vie. La Maladie nous fait entrevoir la proximité nouvelle de ce terme par l'affaiblissement qu'elle provoque. On peut se demander d'ailleurs si toutes nos luttes, et même nos guerres, ne se réduisent finalement pas à la volonté d'avoir toujours plus dans la perspective fuyante d'éloigner autant que faire se peut, le terme de la vie. Les souffrances induites par ces luttes sont à considérer comme des investissements, incertains mais instinctifs, un bas de laine vital.

Sauf conduite à risque, imposée comme la pollution au travail, ou raisonnée lors de la tabagie par exemple, la Maladie échappe largement à notre volonté. Les inégalités semblent alors frappantes et même injustes. Nous étions nés égaux en droit et nous voilà amputés de la vie par la faute d'une Maladie, quand le voisin, lui, peut persister à tondre bruyamment sa pelouse. Il n'est pas inutile de tenter de cerner cet ennemi mortel qui par lâcheté s'attaque plus volontiers aux faibles, ajoutant de la faiblesse à la faiblesse. Une Maladie est d'abord un écart à une norme et même à des normes qui ne sont qu'apparence puisqu'alors que nous sommes tous normaux, le pauvre l'étant toutefois moins que le riche. Nous sommes inégaux devant la maladie comme nous le sommes socialement et le pauvre a une espérance de vie inférieure à celle du riche, comme le citoyen du pays pauvre à une espérance de guérison inférieure à celle du citoyen du pays riche, face à une même maladie[40]. Rebondir reste possible à l'issue de la maladie mais le rebond, de grande amplitude au début, s'épuise en petits sauts de plus en plus fréquents et rapides à l'image de ces balles publicitaires souples et dures. La notion de normal, et par conséquent de normes au-delà desquelles l'anormal pointe son nez en vue d'une répression prochaine, traduit non pas une situation instantanée, mais est à la fois le témoin de la dimension dynamique du vivant, son rapport unique au temps, et notre incapacité à fixer le normal. Pourquoi pratiquer la prise de sang à jeun le matin si ce n'est parce qu'on ignore tout de l'influence de la tranche de bacon ou de la tasse de café sur le taux de glucose de l'individu ? Mais, sait-on mieux l'influence du jeûne ? La maladie serait l'anormal, certes, mais où commence-t-elle ? Avant qu'elle ne se déclare ou au premier symptôme ? Nous résistons différemment à la maladie, nous conditionnons notre pronostic vital par avance, nous subissons les agressions chimiques des autres. Seuls ceux qui survivent seraient donc normaux. Il convient de détecter vite ceux qui ne le sont pas pour les vacciner, mais contre quoi ? Ce n'est pas le virus de la grippe qui tue, mais les surinfections pulmonaires et encore en s'appuyant sur les ripostes inflammatoires que le normal met en place pour essayer de se débarrasser de l'intrus. La fièvre, la nécrose purulente sont les signes de cette défense sans présumer de l'issue du combat. Faut-il alors vacciner l'homme normal contre lui-même ?

La tentation de catégoriser date de longtemps. Aristote, Kant, Linné ont été de grands noms de cette tentative.

[40] T. Patrice, Photodynamic therapy in developing countries. *Reviews in Contemporary Pharmacotherapy*, 1999, 10, 75-78.

Nommer d'abord, ranger ensuite, pour transmettre l'information utile obtenue, organisée en paquets de savoirs. Au lieu de nommer chaque individu de chaque classe taxonomique, on range et on parlera plus commodément des oiseaux, des mouettes, des mouettes grises sans avoir besoin de décrire chaque membre de l'espèce. Nommer et catégoriser présente des risques lorsqu'on oublie la question épistémologique fondamentale « Pourquoi ? » appliquée à la démarche même de catégorisation et aux individus ainsi catégorisés. Si on catégorise c'est par insuffisance de savoir et non par savoir. Si on possède quelques paramètres permettant de définir la catégorie on manque de tous les paramètres définissant l'individu par rapport aux autres. Face aux incertitudes du début et de la fin d'un individu, on mettra ensuite en place une fourchette de normalité, le normal s'y trouvant plus à l'aise, quoiqu'en nombre, au lieu d'être individualisé selon sa norme à Lui. Cette démarche a eu le mérite immense de détecter de grandes causes, d'établir de belles corrélations mais la différence demeure à l'intérieur de la fourchette, tapie, masquée par la démarche normative. Bien que tous normaux un instant au sein d'une classe, au bout du compte nous sommes tous différents dans ce qui est le plus important, notre temps de vie. Deux enfants nés au même endroit et à la même date et heure auront des espérances de vie proches estimées au jour de la naissance, parfaitement aléatoires vues du point final. Aucune personne, née en même temps qu'une autre, ne meurt en même temps qu'elle et la probabilité que cela se produise diminue même exponentiellement avec le temps de vie. La catégorie ne sert à rien d'autre que manipuler aisément des concepts. Or, c'est aussi la catégorie qui impose le normal et l'anormal mais par les limites imposées, empêche de bien saisir les subtilités individuelles, ces petits riens qui mis bout à bout font tout.

L'occurrence des maladies est plus grande au début et à la fin de la vie. Les normaux seraient donc dans l'entredeux. Les enfants avant la naissance n'ont pas de statut social, n'ayant pas fait leurs preuves de capacité à vivre, comme autrefois ils n'avaient droit au cimetière, en un lieu familialement identifié, que passé un certain âge, en tout cas après un baptême en bonne et due forme, parfois *in utero*. L'enfant, fragile, n'est donc pas « normal » par rapport à l'adulte plus résistant, mais il vit plus que l'adulte. De la même façon, le fœtus n'a aucun statut mais une espérance de vie bien supérieure à celle de sa mère qui serait donc moins normale. Elle est âgée bien entendu cette maman, -mais depuis combien de temps ?-, sans pour autant que l'on puisse dire non plus qu'elle le soit à temps plein. Elle fait d'autant plus de maladies qu'elle est âgée, que ses organes sont oxydés, les processus d'oxydation étant impliqués à chaque instant. Elle est vieillissante cette maman, comme tout le monde, depuis la fin de sa croissance, objectivement, sans doute depuis bien avant puisque la perte neuronale est de 100 000 neurones par jour sur 30 à 40 milliards en stock à la naissance. Il serait donc normal d'être vieux tout le temps, depuis son plus jeune âge et même avant puisque nous héritons au moins un peu de nos parents. Ma normalité, pour impossible qu'elle soit à atteindre, est différente à chaque instant et pour chacun.

La norme n'est donc pas le certain, mais l'incertain, puisque l'instant de l'individu variable n'est pas saisissable. La maladie n'est pas non plus instantanée, mais conséquence d'un conflit entre deux états aboutissant à un état nouveau, une sorte d'équilibre imprévu qui se chercherait à chaque instant à la suite de l'autre, rompu désormais. Il faut être deux pour être malade. Une maladie et un individu sain forment un couple fusionné anormal, pas partiellement anormal aux conséquences prévisibles, mais globalement anormal selon des conséquences propres à chaque individu, à chaque instant de chaque organe. Le mal de crâne, outre la douleur, perturbe aussi le sommeil, l'exercice physique et l'alimentation indirectement mais indubitablement. L'aspirine[41] va soulager, mais aussi modifier la coagulation de tout le sang, les réactions inflammatoires de défense, et aggraver les brûlures d'estomac des grandes occasions. Chaque champ dont l'équilibre est rompu va devoir en conquérir un nouveau à partir d'un existant désormais corrompu.

Cette approche de la maladie a été énoncée déjà par Canguilhem[42,43], fortement contestée par les tenants de la « modernité ». Pourtant, j'ai observé qu'à la suite d'un infarctus du myocarde le sang périphérique n'est que peu altéré alors qu'il l'est précocement dans le cas d'un AVC[44] ischémique. Comment deux maladies, proches étiologiquement et épidémiologiquement, survenant dans deux organes différents, peuvent-elles entrainer des désordres variables, étendus ou non à tout l'individu ? Alors qu'il est ressenti par les soignants que les ruptures d'anévrismes cérébraux surviennent par périodes dans les services d'urgence, autant d'études se sont avérées incapables à le démontrer, chiffres à l'appui, que d'autres à l'affirmer. Une étude menée à Nantes montre bien une telle périodicité. Plus grande fréquence à l'automne et au printemps, 10 % seulement des ruptures se produisant la nuit quand la pression atmosphérique relative est la plus basse, 83 % en période de hautes pressions atmosphé-

---

[41] Acide acétylsalicylique, Aspirin®, nom déposé en 1899 par la société Bayer, NDA.

[42] G. Canguilhem, *La connaissance de la vie*, Paris, Vrin, 1965.

[43] G. Canguilhem, *Le Normal et le Pathologique,* augmenté de *Nouvelles Réflexions concernant le normal et le pathologique* (1966), Paris, PUF/Quadrige, 2005.

[44] Accident Vasculaire Cérébral, NDA.

riques alors que nous subissons 110 jours/an les assauts des dépressions océaniques. Le calcul de la pression partielle en oxygène (pO_2), présumée classiquement constante, mais en fait constamment variable, selon des lois connues depuis 1801 (Loi de Dalton), passées aux oubliettes de la science médicale, montre que les ruptures se produisent *toutes* lors d'une baisse de la pO_2 atmosphérique. De plus, un lien mal précisé existe entre l'histoire des maladies subies par le patient et l'intensité des changements de la pO_2 observés lors de la rupture. Ces changements sont quantitativement importants comme nous le notions sur la figure 6, particulièrement pour le cerveau qui reçoit 20 % de l'oxygène alors qu'il ne pèse que 2 % du poids corporel. De tout petits changements de la pO_2 atmosphérique donnant une diminution de l'ordre de 2 ml de l'oxygène inspiré, représentent les besoins en oxygène de 75 g de tissu cérébral par minute. Rien ne s'oppose donc à ce que cette rupture d'anévrisme et, par extension d'autres maladies, soient en lien direct avec l'environnement et par conséquent l'histoire du malade qui représente une manifestation cumulative de ce lien, souvent oublié.

Nous avons évoqué plus haut les anomalies de synthèse des porphyrines dans les tumeurs cancéreuses, susceptibles d'induire des anomalies métaboliques. Classiquement des anomalies génétiques sont recherchées pour expliquer les différences de croissance de la tumeur par rapport à son hôte d'origine. Souvent une relation déterministe est tentée pour expliquer le cancer. Pour une raison « x » une mutation du génome est intervenue, impliquant quelques bases sur un chromosome, suffisamment déterminante pour créer l'anomalie, insuffisante pour faire oublier les ressemblances, mais aboutissant au désastre total après un temps variable. Corriger la mutation corrigerait donc la maladie autant que les désordres induits, le monstre se retrouvant en quelque sorte annihilé par soustraction, sans que l'hôte en souffre. Et si l'explication de la croissance tumorale aberrante ne se trouvait pas dans le génome, ou du moins pas directement, mais était une conséquence de désordres métaboliques premiers, aboutissant à des réponses extravagantes du tissu subissant ces désordres, se généralisant ensuite de manière quasi obligatoire ?

Les désordres métaboliques quels qu'ils soient, ne demeurent pas isolés ici ou là, contrairement à ce que l'on veut croire, mais ferment immédiatement un cercle vicieux. Nous avons vu qu'il y avait nécessité pour tout l'organisme de s'adapter à la situation nouvelle pour lui que représente l'apparition d'une tumeur et de subir les traitements agressifs visant à la détruire. Mais, il a été démontré que les désordres oxydatifs, parmi lesquels les variations d'O_2 ou de pH, peut-être induits eux-mêmes par des anomalies génétiques parmi d'autres causes, induisaient une instabilité génétique conduisant à l'hétérogénéité clonale des cancers et ce pour de nombreux cancers en même temps que pour les cellules de l'organisme ubiquitaires que sont les cellules sanguines[45] et leurs cellules de sauvegarde que sont les cellules souches. On ne doit donc pas s'étonner de la diversité génétique qui survient au sein de tumeurs malignes et concourt à la résistance de la maladie aux traitements : telle population sera sensible à une chimiothérapie tandis qu'une autre sera résistante ou sensible à une autre classe de médicaments. Nous avions d'ailleurs démontré qu'il existait une réponse différente à l'action de la lumière et de l'oxygène en fonction de l'hétérogénéité du code

---

[45] C. Richardson et coll. Oxidative stress, bone marrow failure, and genome instability in hematopoietic stem cells. *Int. J Mol. Sci*, 201516, 2366-2385.

génétique[46]. Cette diversité génétique contient en elle-même une traduction métabolique : chaque zone proliférative de chaque clone va se comporter comme un univers indépendant en échange avec le reste de l'individu *via* le reste de la tumeur, mais restant différent de la tumeur d'origine. Certains clones à leur tour seront favorisés par les conditions de pO_2 ou de pH, d'autres non, pouvant éventuellement supplanter la tumeur d'origine. On peut tout autant prendre le problème à l'envers : une anomalie métabolique va induire une réponse génétique par amplification ou surexpression des gènes impliqués dans le désordre métabolique ou mobilisés pour y faire face. La distance d'une cellule à un vaisseau sanguin va déterminer pour une large part l'apport d'oxygène à une zone donnée. Cet apport est axé car il existe un gradient d'oxygène qui s'étend du vaisseau (beaucoup d'oxygène) à la première cellule tumorale puis ensuite diminue exponentiellement au fur et à mesure qu'on s'éloigne du vaisseau. Il y a donc sur l'axe à la fois des obstacles, des consommations différentes et enfin des zones de pénombre qui induisent dès les premiers millimètres de tumeur des hétérogénéités majeures, métaboliques et structurelles auxquelles chaque cellule doit s'adapter en permanence. Rien d'étonnant à ce que des clones soient favorisés et que d'autres entrent en « hibernation », prêts à se réveiller dès lors que les beaux jours reviennent, par exemple quand une opération a enlevé la masse tumorale qui gênait l'oxygénation de ce petit amas de cellules en sommeil en bordure du coup de bistouri.

Toutes ces considérations sont naturellement valides pour les métastases, greffes à distance de cellules détachées de la tumeur primitive, qui font souvent la gravité de

---

[46] M.T. Foultier, T. Patrice et coll. DNA or cell kinetics flow cytometry analysis of 33 small gastrointestinal cancers treated by photodynamic therapy. *Cancer*, 1994, 73, 1595-1607.

la maladie cancéreuse, plus encore que la tumeur primitive. Ce sont même les processus nécrotiques liés à la privation d'O_2 et au pH bas (acide), soit spontanés soit induits par les traitements, qui seront pour une large part responsables du détachement de ces éléments métastatiques. Ceux-ci donneront à leur tour des tumeurs qui se développeront en apparence de manière autonome, là encore en fonction des conditions locales. L'hypothèse que nous formulons est parfaitement compatible avec la « Seed and Soil theory » énoncée par Paget en 1889[47]. Pour qu'une métastase se développe il faut qu'elle soit, une fois détachée de la tumeur primitive, compatible avec la zone à laquelle elle va s'accrocher, zone qui devra, elle aussi, avoir des caractéristiques compatibles avec la métastase. *Compatible* implique donc que son métabolisme soit adapté aux conditions locales disponibles.

Nous revenons là à Darwin. Une population, dans un environnement adapté, va croitre jusqu'à ce que les ressources de l'environnement soient dépassées. Il est connu que dans une tumeur cancéreuse l'acidité soit plus forte et la pO_2 plus faible que dans le tissu d'origine, quoiqu'hétérogènes, ce qui constitue d'ailleurs une différence tangible d'avec le tissu normal autorisant des approches thérapeutiques. Les conditions climatiques de la niche écologique tumorale peuvent donc être considérées comme « extrêmes » ou « limites ». Comme nous l'évoquions plus haut, l'apparition de clones tumoraux variés et variables ne peut-elle pas relever de phénomènes comparables à ceux qui ont permis la biodiversité sur Terre à l'origine, moins maintenant ? Face à l'hostilité du milieu, tous les essais sont permis, même les plus aberrants. Seuls quelques-uns réussiront, quoique dans le

[47] S. Paget, The distribution of secondary growths in cancer of the breast. *Lancet*, 1889, 1, 571-573.

cas d'un cancer aucune solution ne soit valide *in fine* : à la différence de la bactérie ou du parasite aucune cellule cancéreuse n'a jamais survécu à son hôte. *Un cancer est une apparence d'adaptation à un écosystème, en fait un échec suicidaire*. Si les conditions écologiques de la tumeur primitive étaient satisfaisantes, il n'y aurait pas d'hétérogénéité tumorale ni de métastase car le tissu serait... normal. La question demeure, cela veut dire qu'aucune hypothèse n'est démontrée, de savoir si c'est le patient ou son environnement qui a changé, provoquant l'apparition de la tumeur, ou si c'est le tissu qui a changé en un endroit de l'hôte, devenant inadapté à l'environnement du patient.

Poussons le raisonnement dans ses limites en le dépouillant des conduites sociales qui le masqueraient. Les migrations de populations que nous observons obéissent-elles bien à des mécanismes différents de besoins et de ressources pour satisfaire le maintien de l'homéostasie ? Nous ne pouvons migrer qu'à condition de pouvoir quitter notre habitat devenu exigu, inconfortable ou dangereux et nous ne pouvons nous installer que dans des zones offrant des ressources en température, eau, O_2, compatibles avec notre survie c'est-à-dire notre métabolisme existant, *hic et nunc*. Certains ont mis en évidence des liens génétiques pour établir les cartes de migrations de populations par exemple pour l'Europe[48] et donc les influences du génome sur l'histoire, culturelle ou technologique. Nous avons souligné plus haut combien le froid ou le chaud ont dû influencer les migrations, soit directement soit à travers les ressources agricoles disponibles. Nous traduisons un « trop froid » ou un « trop chaud » ou un « trop faim » par un sentiment d'inconfort qui nous pousse à changer de

[48] P. Balaresque et coll., A Predominantly Neolithic Origin for European Paternal Lineages, *PLoS Biology*, 2010, 8, 1-9.

lieu, tout ce que nous y voyons devenant négatif. Ne pourrait-on imaginer que ces petits signes de rien du tout soient les symptômes d'un mal-être beaucoup plus profond, physiologique, auquel nous ne pouvons répondre qu'à raison d'un mois de vacances par an ? D'ailleurs ne dit-on pas que nous nous y ressourçons ? Les migrations de populations ne traduiraient-elles pas une stratégie d'adaptation de la physiologie aux conditions environnementales en fonction des possibles offerts par le format génomique de départ, en quelque sorte de grandes vacances sans retour ?

En fonction du milieu une cause identique, profondément lamarcko-darwinienne aboutit à des déséquilibres différents mais comparables, le retour à l'équilibre ne prenant pas les mêmes chemins, le milieu ambiant apportant son lot de complexité, interdisant sans doute le plus souvent un retour rapide au *statu quo ante*. Comment penser que des désordres aussi massifs qu'une rupture d'anévrisme intracrânien, un infarctus du myocarde ou un kilo de tissu cancéreux puissent être conséquence instantanée de facteurs infinitésimaux, sauf à les imaginer omniprésents massivement ? Dans ce cas comment pourraient-ils passer inaperçus, échapper à la vigilance sagace et high-tech des chercheurs du monde entier ? Dans ce cas surtout, pourquoi ne s'exerceraient-ils pas dès le premier instant de vie, et donc pourquoi la vie demeurerait-elle possible et proliférante ? À partir de ces constats, il faut plonger dans les eaux troubles du passé scientifique pour comprendre pourquoi une définition moins certaine du vivant que celle qui est communément imposée n'est pas réellement formulée.

Biologie et médecine, produits de culture

Si le monde gréco-romain accomplissait des prodiges en médecine, tout comme dans les autres compartiments de la réflexion, incluant la compréhension de la biologie, tout s'est avéré à refaire après les siècles obscurs, allant de la fin de l'Empire romain d'occident, que l'on datera de l'émergence du christianisme, à la Révolution française. Cette vision, qui pourrait être taxée de marxisante, est en fait le reflet de l'histoire de la réémergence biologique, et toute superposition ne pourrait, comme on dit, être que pur hasard. C'est par la lumière et l'art que les sciences sont sorties de l'obscur, en l'occurrence par la *camera obscura* utilisée par Vinci et les Hollandais du Siècle d'Or. Améliorée d'une simple lentille elle donnera le microscope de Leeuwenhoek et la lunette de Galilée, pointée à la fois vers les gouttes d'eau de la rosée matinale et les petits points lumineux du ciel. Supposé par Nicolas Cusanus dès 1441[49] un monde existe au-delà du regard humain. Pis, Copernic (1473-1543) calcule ou recalcule que l'homme n'est pas le centre de l'univers et que par conséquent il est en une position d'autant plus incertaine que l'univers est plus vaste, la seule chose sûre étant qu'il est terrien, attiré par le centre de sa terre, c'est du moins l'interprétation moderne que nous voulons donner. Galilée, et d'autres qui prendront sa défense comme Bruno, sera bien sûr persécuté, mais le feu est allumé et par l'œil une révolution de l'esprit est en marche. Descartes, Hobbes et Spinoza contribueront, chacun à sa manière, à la fois proche et radicalement différente, à formuler une logique scientifique, qui en biologie sera posée par Koch, disparu en 1910, c'était hier. L'homme du bacille, mais aussi des postulats, a énoncé en quatre lignes ce qui allait changer notre manière de concevoir l'expérience en même temps que permettre de triompher de fléaux, jusqu'alors insurmontables.

---

[49] N. Chrypffs dit Nicolas Cusanus, *De conjecturis* (*Les Conjectures*), env. 1441/42.

Premièrement, isoler l'agent suspect à partir d'une victime malade

Deuxièmement, cultiver l'agent en culture pure.

Troisièmement, infecter un hôte sain et montrer que l'organisme produit les symptômes classiques de la maladie

Quatrièmement, isoler le « même » micro-organisme à partir de la nouvelle victime.

La biologie ne changera plus au cours du siècle, ce qui sera sa force et je le crains sa faiblesse. Par l'optique, l'ennemi invisiblement petit sera externalisé, identifié, réduit, l'impact des maladies infectieuses d'origine bactérienne largement atténué. Tuberculose, peste et choléra ne sont plus dans nos contrées que des souvenirs à peine mentionnés au cours des études de médecine. Mais, paludisme ou virus demeurent indemnes ayant en commun avec le métabolisme, l'endocrinologie et la cancérologie de ne pouvoir être séparés totalement de l'hôte, s'y cachant, en faisant partie. L'espérance de vie et la démographie ont explosé en France sous l'effet conjoint de la médecine et surtout de l'hygiène. Les deux étant apparus quasiment au même moment, dès que les tabous ont été dépassés par les Lumières, il est ardu de mesurer les mérites de l'un ou l'autre dans l'augmentation de l'espérance de vie. La médecine s'exerce à chaque extrême de la vie réduisant la mortalité périnatale, qui passe de 4,5 à 3,8 pour mille naissances entre 1960 et 2010, ou les conséquences les plus criantes des désordres métaboliques en fin de vie. Entre les deux, la médecine demeure impuissante non parce qu'il n'y a que des bien-portants, mais des malades en devenir qui s'ignorent, la mortalité demeurant stable s'établissant en France à 571 000 décès en 2012 soit 8,5 pour mille habitants. Les conditions socioculturelles font l'hygiène, témoin de la bonne santé d'une société, et c'est l'hygiène qui éloigne la menace infectieuse tout en formant des individus résistants. Est-ce bien un hasard si l'eau courante, évoquée dès 1776, mais n'atteignant chaque foyer français qu'en 1981, et Rousseau (1712-1778) sont contemporains ? La révolution de la pensée s'est faite à partir de ce moment aussi en biologie ce qui a infléchi brutalement la courbe démographique (Figure 10) et a fait reculer l'obscurantisme en occident, ou l'inverse.

Les investissements consentis pour tenter de conjurer les maladies cardiovasculaires ou le cancer n'aboutissent pas à des résultats proportionnels, en tout cas sans commune mesure avec les progrès formidables accomplis dans le domaine de l'infectieux alors que les règles en vigueur sont toujours celles de Koch. Il faut donc imaginer que les postulats de Koch sont justes, dans une certaine mesure bactérienne, mais inadaptés aux désordres de l'individu entier, surtout si l'on cherche à aller du petit au grand et particulièrement en tentant de juxtaposer tous les petits en même temps. Si on peut isoler la bactérie, on peine à trouver des causes infectieuses aux cancers, et on ne les cherche pas en cardiovasculaire. La logique du toujours plus petit causal, d'un gène pour chaque maladie, d'une protéine déficiente pour chaque symptôme est illogique. On ne guérit un cancer que lorsque le bistouri est capable de l'extirper sans laisser de miettes trop volumineuses, avant que la bête immonde n'ait essaimé un peu partout, comme se substituant à l'individu, parce que partie insensée de l'individu. Le rêve d'un antibiotique anti cancer spécifique est, je crois, vain, surtout quand la cause de la maladie est inconnue, tout comme celui d'un débouchant liquide pour artères encombrées. Dans les deux cas, l'ennemi est aussi le patient. C'est lui qui génère la maladie, c'est lui qui en contrôle la progression à son corps défendant, dans une sorte de ballet infernal. À la différence de la maladie bactérienne, dont il contrôle pourtant dans une certaine mesure la progression, le vivant *est* la plupart de ses maladies. Dans ce cas impossible d'exposer le mal dans un tube, de le dévisager et de l'exterminer. C'est aussi ce qui se produit lorsque le virus se cache dans les cellules sanguines ou lorsque le parasite se cache dans le foie. N'induisant pas de désordres suffisamment notables, ils sont tolérés.

La maladie n'a pas de génie propre mais forme un ensemble inédit avec le patient, l'individu devenant autant la maladie que la cause. Il n'y a pas un bon, le malade, et une brute, la maladie. Il y a un ensemble interactif, symbiotique, devant s'adapter à un environnement nouveau créé par la symbiose même. La cause agressant la cible donne une cible malade, c'est-à-dire faisant face à des besoins nouveaux. La cause même doit s'adapter à sa cible qui a changé pour persister, quitte à s'engager dans une spirale incompatible avec son avenir et continuera de le faire autant que durera la maladie. Le traitement de la cause n'est qu'une partie de la réponse, essentielle mais partielle. Comment admettre que le malade soit désormais partie de la maladie alors qu'il y a peu encore on parlait de fils de dieu, centre du monde, relativisé à regret par les chaotiques nietzschéens ? Le voilà malade en plus et depuis son plus jeune âge, voire malade de ses parents....

Une question connexe est de savoir comment étudier l'homme par l'homme, comment s'extraire de sa condition, de son enveloppe, tout en demeurant soi[50] ? Quel point de vue choisir pour être dedans et en dehors ? Comment comprendre ce que je vois, à la fois influençant le malade, la maladie et le médecin ? Comment imaginer que la souris puisse être d'un quelconque secours n'ayant aucun lien phylogénétique avec l'homme, un métabolisme

[50] J.P. Sartre, *L'être et le néant*, Gallimard, 1943.

aux antipodes ? Si je suis différent de mon voisin de palier puisque je suis malade de cette forme spéciale de maladie qui est moi sans être le Moi d'avant, comment penser qu'en contemplant une souris indemne de cette maladie qui n'existe que chez l'homme je vais trouver la solution et guérir ? Il faudrait admettre que la souris soit fille de dieu et qu'elle condescende à m'illuminer, au moins que je sois contenu en tant que solution dans la souris qui n'a rien à voir avec moi, mais qui du coup ferait de moi son obligé. Pour comprendre un système, il faut un système d'ordre supérieur[51]. Ce qui est vrai ailleurs doit aussi être vrai en biologie. En une sorte de provocation, on pourrait énoncer que le microscope est bien ce qui grossit et permet de voir du dessus l'agent infectieux, mais est impropre à contempler l'homme dans sa globalité.

Alors que les humains sont d'une seule espèce, quoique tous différents, que leurs maladies sont censées être également de mêmes étiologies d'un continent à l'autre et aux conséquences comparables, la médecine tant par ses méthodes diagnostiques que thérapeutiques diffère profondément selon les cultures. La médecine occidentale est le produit médical de la révolution des Lumières qui a impliqué une organisation de la vie sociale au sein de laquelle la médecine s'est intégrée. Ainsi nous avons un réseau d'hôpitaux, des médecins formés de manière comparable dans des universités, une recherche organisée selon le paradigme que nous avons décrit. La naissance de la Clinique[52] est née de la confrontation de la symptomatologie observée au lit du malade, de la biologie naissante au XIXe siècle et des enseignements qui en

---

[51] K. Gödel, Über formal unentscheidbare Sätze der Principia Mathematica und verwandter Systeme, *I. Monatshefte für Mathematik und Physik*, 38, 173-198, 1931.

[52] M. Foucault, *La naissance de la clinique*, Paris, Presses Universitaires de France, 1963.

résultent. La prise en charge du malade est donc également comparable d'un pays occidental à l'autre, formant en soi un paradigme. Nous avons souligné à quel point les connaissances s'étendaient dans le sens du détail infime grâce à l'emploi de techniques de plus en plus sophistiquées et onéreuses, chaque anomalie détectée donnant lieu éventuellement à innovation thérapeutique, insérée au sein de l'arsenal thérapeutique.

L'organisation sociale de la prise en charge médicale nécessaire et indispensable comporte cependant deux écueils :

Puisque la prise en charge financière est assurée par des tiers la notion de responsabilité implique l'introduction d'une dimension judiciaire qui repose sur une codification des actes. Face à telle maladie, la bonne pratique impose telle thérapeutique qui, compte tenu de sa difficulté, sera prise en charge financièrement à hauteur de X %. Le paradigme apparait donc non seulement stable, c'est sa fonction, mais stabilisé et même figé puisque les excursions autour de la norme sont interdites du fait de la prise de risque, par précaution. La médecine culturellement occidentale est donc d'un certain format et ne peut considérer d'autres formats ou d'autres pratiques issues d'autres cultures.

Le second écueil est que le paradigme de la recherche déterministe ne va que dans un seul sens, celui du détail le plus quantifiable possible de préférence par un écrit, pour être juridiquement opposable. Si le dosage de tel enzyme est hyper précis, et parfois peu regardé car enfoui au sein d'un « bilan », en revanche les paramètres plus globaux, dépendants de l'état général du malade sont, peu précis, souvent négligés. La clinique d'hier, celle que décrit Foucault (1926-1984) est donc en voie de disparition. Ainsi, le poids, la température, la palpation abdominale, sont-ils presque obsolètes. Ce que nous perdons est l'approche globale de la maladie, non seulement de l'organe dans son ensemble mais aussi du malade en réaction à sa maladie. Le malade disparait au profit de sa maladie pour la satisfaction « court-termiste » du trésorier-payeur.

Les conséquences ne seraient rien si toutes les maladies fonctionnaient sur le modèle infectieux de Koch, encore qu'il faudrait considérer que la bactérie ou le virus sont seuls et uniques responsables des symptômes ce qui n'est pas du tout le cas. Mais, la plupart des maladies ne sont pas infectieuses et ne répondent pas le moins du monde à ce modèle, peut-être même pas à un modèle déterministe classique et cartésien. Tout ce qui touche de près ou de loin au métabolisme ne peut, je crois, s'inscrire dans la démarche en vigueur ni, par suite, tout ce qui concernerait des conduites de prévention par la nutrition par exemple. Quand on parle de prévention de cancer du sein ou du cancer de la prostate il s'agit d'un dépistage précoce, nullement de la mise en œuvre de pratiques qui empêcheraient l'apparition de la première cellule cancéreuse, une raison étant que les causes sont inconnues à ce jour.

Nombre de cultures prennent en charge leurs malades d'une manière autre que l'Occident « expérimental ». Si certaines sont dans l'échec, d'autres en revanche n'ont pas interdit une explosion démographique. L'absence de techniques disponibles, et même de raisonnement expérimental oblige à des pratiques globales puisque l'obligation morale et sociale de soulagement des peines existe pareillement à notre culture. Ces pratiques globales mettent toujours en lien la cause de la maladie, le malade et l'environnement social du malade. Ces pratiques ont autant besoin de certitudes que les nôtres et le devin ou le chamane d'Afrique fera circuler par exemple un animal au milieu de baguettes qui dispersées d'une certaine manière traduiront l'ambiance du village auquel est soumis le malade. En Asie l'apparition d'une maladie est l'échec global de la bonne santé. Ces pratiques nous semblent parfois absurdes et ne donnent pas de résultats dans tous les cas, tant s'en faut, mais les nôtres non plus, quoique plus fréquemment car nous agissons sur une partie du problème, la cause précise. Mais, nous n'agissons ni sur la cause de la cause précise, celle qui a permis son émergence, ni sur les conséquences. Les troubles que nous qualifions de psychiques sont plus volontiers traités par les techniques divinatoires que les pathologies d'étiologie organique, la question se posant du lien entre le ressenti, le symptôme et le désordre. Qu'est-ce qu'un besoin de vacances ou une frénésie de chocolat ?

Que la médecine soit allopathique, homéopathique ou divinatoire elle exclut une partie du malade, soit la cause de la maladie, soit la conséquence, soit les deux. Une vision globale métabolique ou thermodynamique du malade permet de prendre en compte simultanément causes et conséquences, en créant un champ commun qui est de fait présent, quels que soient le continent ou la culture en vigueur. Dans tous les cas, y compris les troubles psychiques nous aboutissons à des désordres thermodynamiques. Cette constatation est parfaitement logique puisque la production d'énergie est la condition première de la vie, et donc premièrement et systématiquement impactée lorsqu'un désordre *quelconque* affecte un individu. Comme nous l'avons déjà souligné, une mauvaise vision va induire la fracture d'un doigt de pied et compromettre l'état nutritionnel du malade, d'autant plus qu'il sera déjà fragilisé socialement, et précipiter une cascade d'évènements sans aucune mesure avec l'ampleur de la cause.

La Maladie d'oxydation

La Maladie, si j'en crois les résultats obtenus avec celles que j'ai explorées se traduit à chaque fois comme un écart de la résistance à l'oxydation par rapport à des patients « normaux », ou présumés tels, car choisis au hasard parmi des individus présumés sains en tellement grand nombre que la présence de quelques malades éventuels non détectés sera « diluée ». Je ne dis pas que la Maladie est oxydation anormale, mais qu'elle implique à un moment ou un autre un métabolisme oxydatif anormal qui sera générateur de symptômes lors d'aggravation et plus rarement de guérison. C'est vrai pour la bactérie qui nous envahit ou le diabète du métabolisme des sucres, les deux étant d'ailleurs volontiers associés. Ne pas traiter la bactérie à coup d'antibiotiques, c'est laisser le champ à des désordres croissants que nous amplifions par notre résistance à l'envahisseur. L'antibiotique distrait nos défenses en subtilisant la cible, mais le traitement doit demeurer compatible avec la survie ce qui interdit que nous utilisions le meilleur antibiotique possible. Nous sommes partenaires de la Maladie et le cortège de réactions que sont fièvre ou rougeurs, les symptômes, sont de notre fait, pas de celui de la bactérie. La bataille se joue tout autant avant le symptôme, avant le désordre métabolique, par les mécanismes de prévention, d'apprentissage, on parle d'immunisation, ou même l'hygiène. Lorsque la prévention n'a pas joué, nous nous livrons à une résistance acharnée d'arrière-garde, dont l'issue dépend de toute notre histoire.

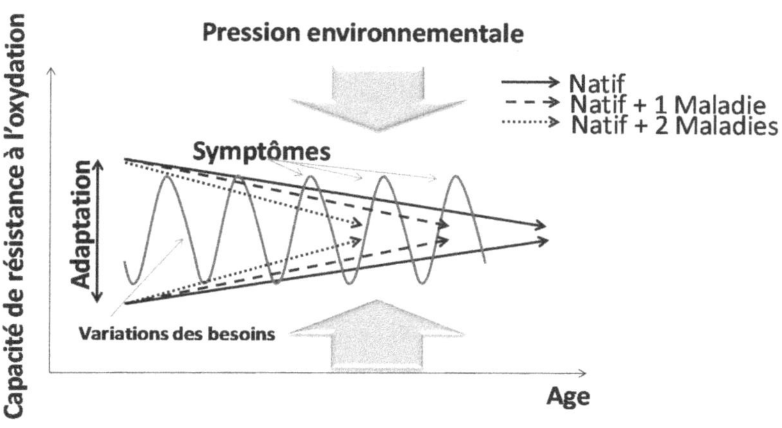

Figure 9 : Évolution de la résistance à l'oxydation en fonction de l'âge d'un organisme vivant. En fonction du temps il y a resserrement des valeurs limites fixant les capacités d'adaptation à l'oxydation, sans maladie intercurrente, après une puis deux maladies.

Une grippe à 20 ans est une chose, la même grippe à 80 ans ou chez une personne diabétique en est une autre. La muraille effondrée, la cour du château envahie on se prend à regretter d'avoir mégoté sur le prix de la construction du donjon…

Cet écart entre un métabolisme oxydatif normal ou un métabolisme en réaction représente le plus souvent une moindre capacité de résistance à l'oxydation, ce qui veut dire que face à la production d'un effort, l'énergie requise induira des valeurs hors d'une fourchette de normalité, ce qui est objectivement péjoratif dans la quasi-totalité des situations explorées. Il en va de même chez les primates sains non humains comparés à l'homme en fonction du nombre d'embranchements[53]. L'homme a de plus grandes

[53] T. Patrice et coll. Influence of animal species on secondary oxidant activation in serum exposed to singlet oxygen. *ILAR*, 2012, 53, 31-42.

capacités de résistance à l'oxydation que d'autres primates, au moment où le dosage est effectué. Ceci n'implique pas une échelle de valeurs, mais reflète une capacité métabolique de résistance à une production d'énergie. La conséquence adaptative à un écosystème est évidente. Dans une niche écologique donnée, il faut au minimum que l'occupant survive. C'est bien l'adéquation métabolique de l'individu à sa niche qui conditionne l'occupation de la niche. De même, face à une infection, être capable de mobiliser une forte oxydation par la montée de fièvre ou la réaction inflammatoire spécifique sera favorable, la bactérie pauvrement adaptative n'y survivra pas, mais à la condition de ne pas entrainer de comorbidité lors cette hyper production d'énergie et cette hyper oxydation transitoires. Ce n'est pas simplement la capacité antioxydante qui joue, mais la capacité antioxydante face à une situation donnée se produisant le plus fréquemment, permettant ou non de faire face à des situations plus rares.

Trois partenaires dans une telle vision interviennent directement de manière inséparable : *l'individu*, son format, son capital enzymatique et génétique, *le temps*, la fréquence des accidents métaboliques et leur durée, donc à la fois apprentissage et usure, enfin *le lieu,* c'est-à-dire l'environnement qui va conditionner les apports et les besoins, ainsi que ceux de nos ennemis.

Ces trois partenaires dans la gouvernance du vivant sont aussi ceux qui gouvernent l'évolution par l'adaptation à l'environnement. Alors que l'évolution darwinienne oblige à des acrobaties intellectuelles si on considère le génome comme lieu de formalisation de cette évolution, c'est-à-dire une modification du code génétique au fur et à mesure de l'évolution de l'environnement, ne considérer qu'une adaptation thermodynamique en revanche simplifie considérablement la mécanistique évolutive. En fonction des besoins, telle ou telle ressource préexistante sera sollicitée quantitativement, qualitativement ou les deux. Lorsque les capacités physiologiques « normales » s'avèrent dépassées, des ressources anormales entrent en jeu induisant soit une adaptation temporaire, soit un désordre et des effets secondaires aboutissant à la mort prématurée de l'individu. Si ce décès est conséquence d'une modification portant sur tout un lieu ou une longue période, seuls les individus capables de s'adapter, par le changement de lieu ou de nouveaux apports, voire un métabolisme particulier nouveau ou inhabituel, survivront plus et donc prospèreront au contraire d'autres moins capables. Le schéma est simple et explique la part non exprimée, largement majoritaire, du génome humain. Celui-ci s'est complexifié, par incorporation de nouvelles structures, qui nous sont inutiles pour plus de 50 %. Dans des situations aberrantes on pourrait imaginer que l'individu puise de manière plus ou moins aléatoire dans des « stocks » de possibles qui alors s'expriment avec plus ou moins de bonheur chez l'individu. Le résultat est donc global, mais issu de multiples déterminismes, tellement nombreux qu'ils ne sont pas individualisables, répondant à des situations précises, mais de survenue aléatoire, conséquences elles aussi de phénomènes déterminés multiples, formant un bruit de fond inaudible. Une maladie, face à laquelle personne n'est égal, est ainsi manière d'outil de sélection, agissant de manière profondément différente d'une espèce à l'autre. On pourrait dire que vieillir plus aboutit aussi à sélectionner des descendants qui vieilliront plus, leurs capacités métaboliques étant optimales, ou les moins mauvaises pour un environnement donné et leurs compétences reproductrices étant exploitées au maximum. En revanche, hyper adapté à un environnement implique qu'un changement minime va aboutir à une inadaptation majeure. Or vieillir c'est, indirectement, résister dans le temps à l'oxydation issue de la production d'énergie, quel que soit le mécanisme mis en œuvre. Rien ne dit que notre longévité actuelle perdure si la mer monte ou le soleil descend... Les lémur-lémur, des pré-primates dont nous avons parlé plus haut, sont modèles d'étude de vieillissement humain, indemnes semble-t-il de l'équivalent de maladies humaines en particulier de cancers. Du fait de leur métabolisme, la stratégie d'évitement des conditions *extrêmes pour eux*, c'est-à-dire chaud et humide, par l'hibernation pourrait être la garantie de ne jamais entrer dans la spirale des désordres oxydatifs.

La tendance darwinienne du vivant est de toujours vivre plus. Sauf cas exceptionnel, se lasser de vivre est insuffisant à mourir rapidement. Je crois profondément inexact et un pur fait culturel de penser que la vie est un éternel recommencement impliquant la mort pour permettre à d'autres de vivre en reprenant le flambeau. Si j'étais éternel, je ne me laisserais pas mourir par abnégation. L'apothéose entropique finale que représente la mort, induit cependant un pourrissement et la remise à disposition des éléments constitutifs pour un recommencement, c'est-à-dire une organisation nouvelle centrée sur une production d'énergie adaptée à son format, sans présumer d'aucune manière du format qui peut être vivant ou inerte, me transformant en gaz ou en plante en pot et qui sait, on peut rêver, en chat de gouttière. En absence de vieillissement intellectuellement conscient, c'est-à-dire d'altération des capacités à éprouver une satisfaction à vivre suffisante, la volonté de chaque individu est donc de vivre encore et toujours. C'est par ce côté plus optimiste que je voudrais aborder le sens du temps vivant, l'autre étant par trop déprimant. L'individu, vivant auto-organisé, tend à produire de l'auto-organisation vitale autant qu'il peut. Le sens de la vie est tout simplement de vivre le plus possible et d'auto-organiser l'environnement directement ou à travers une descendance à son tour auto-organisante. L'oxydation, l'arrachement d'un électron, est un phénomène physicochimique éminemment instable, ubiquitaire, mais qui est stabilisé spontanément chez le vivant et seulement lui, du fait de l'utilisation impossible de l'oxygène sans une participation active limitante de l'individu lui-même. Plusieurs étapes d'instabilité contrôlée par le vivant aboutissent au même bilan global physicochimique qu'une combustion brutale mais en le différant dans le temps. L'oxygène apparait à la fois ubiquitaire, parfois en forte concentration comme sur Terre, parfois lié à d'autres structures, mais n'est disponible pour le vivant que quand, et seulement à ce moment, celui-ci est en mesure de l'utiliser convenablement. Mieux, lorsque la compétence à utiliser l'oxygène « au mieux » disparait c'est l'individu lui-même qui disparait, faisant ainsi place à un autre plus doué. L'oxygène est tout le temps présent, tout le temps sous contrôle, c'est bien ce que nous a expliqué Wigner.

L'évolution prise dans un tel sens rend caduque la controverse lamarcko-darwinienne, les deux approches étant conjointement valides et se développant simultanément. À partir des phénomènes physicochimiques initiaux, la vie ne peut que prospérer tant que les conditions minimales sont présentes. Prospérer voudrait dire alors s'organiser dans le sens d'une organisation toujours plus grande, susceptible de capter un maximum d'entropie « organisationnelle », sorte de sommation de tous les états instables de haute énergie interne. Le concept est alors pleinement lamarckien et satisfait à l'observation selon laquelle, du virus premier à l'humain, les structures se sont ajoutées aux structures, ce qui n'interdit nullement d'ailleurs le retour simultané à des formats plus simples au gré des évènements. Le bon format est celui qui est le plus organisé, mais aussi celui qui satisfait à une consommation d'énergie optimale en fonction des conditions environnementales du lieu et de l'instant. À partir d'un format raisonnablement organisé et stable, de nouvelles formes vont apparaitre, s'adaptant en une équation satisfaisant une reproduction optimale par rapport à une production d'énergie, elle aussi optimisée par rapport à l'environnement. Darwin est donc pleinement satisfait qui souligne tant le rôle des ressources du milieu et de la démographie dans la sélection naturelle.

Dans cette hypothèse, lorsque la prolifération d'une espèce compromettrait le maximum possible de captation d'entropie alors elle cèderait la place, si elle s'avérait incapable de s'adapter, à une autre espèce dont l'équation serait meilleure, dans la perspective d'une captation maximale d'entropie. L'humain n'est donc pas le fruit du hasard, mais celui d'une stabilisation énergétique. Cependant, si l'hypothèse est juste, il importe pour une espèce donnée de ne pas générer plus de chaos que d'organisation et de reproduction. La destruction d'espèces parallèles, la destruction de la biomasse ou l'induction de sa perte fonctionnelle n'aboutiraient à la prolifération unique de l'espèce humaine que si, à elle seule, cette espèce produisait toute l'organisation et la consommation optimales, ce qui ne serait pas possible puisque nous sommes exclusivement dépendants des autres. Notre adaptabilité même à l'environnement dépend des autres espèces qui produisent ce qui nous est indispensable et la flexibilité de notre format, si elle permet l'adaptabilité, ne veut pas du tout dire éternité. Elle veut dire équilibre acceptable tant pour ce qui concerne la reproduction, on pourrait dire la prolifération, que la restauration des ressources nécessaires à cette reproduction permettant un rapport organisation/entropie constant ou tendant vers un optimum. Si l'organisation prédomine, il n'y a plus progression vers plus d'innovation captant toujours plus d'entropie. Si l'entropie prédomine, le format vital en cause ne correspond plus à sa fonction de stockage entropique et devra disparaitre. Au-delà d'un certain degré prolifératif, notre bilan vis-à-vis des autres impactera le bilan global de la captation globale d'entropie par l'ensemble des espèces, et cela impliquera notre déclin.

Là aussi il y a cohérence avec ce que nous observons et qu'en même temps nous refusons de voir. Repenser l'écosystème non pas en termes politiques, mais en termes d'énergie organisationnelle permet de dépasser les incohérences des discours. Ce discours s'avère bien moins complaisant, beaucoup plus inquiétant au fond, car il heurte de front la vision d'une espèce hiérarchisée en son sein et occupant une place hiérarchique au sein de l'arbre du vivant. Il n'y a pas de bonnes et de mauvaises espèces : il y a des espèces qui répondent à un bilan global de néguentropie, le terme est de Schrödinger[54], et les autres, sans avenir, mais les uns et les autres sont le plus souvent interdépendants. Quelle que soit l'ampleur de la limitation du phénomène entropique par le vivant ou la matière probiotique, le résultat en est une modification de la forme générale de l'univers. Selon la théorie la plus communément admise, l'univers issu du « big bang » ou du « big bounce » est en expansion et donc tendant vers une entropie toujours plus grande. L'angle formant l'extension de ses limites à partir du point « zéro » serait plus ou moins ouvert, pourquoi pas en fonction de l'action du vivant, allant d'un univers en croissance exponentielle, à un univers à bords parallèles selon Minkowski ou un univers à expansion variable selon de Sitter, voire oscillant. De plus, si l'influence de la vie est variable, la

---

[54] E. Schrödinger, *Qu'est-ce que la vie ?,* édition originale en anglais (*What is life?),* McMillan éd. 1946.

moindre trace d'organisation influe sur l'ensemble de l'univers en vertu même de la mécanique quantique. Être ou ne pas être n'est pas une question pertinente : même infinitésimalement, être est infini y compris par bribes.

La tentation est forte d'établir un parallèle entre une biologie « inversée » en termes d'objectif déterministe, de paradigme du vivant ou de l'homme et les équilibres sociétaux au sein de l'espèce humaine et même de chaque espèce. Je ne m'y aventurerai pas, conscient du volume d'élucubrations déjà commises. Je dirai seulement que puissance et rapports de force ne prennent un sens que tant qu'ils servent la cause de la captation d'entropie. Je ne vois pas de situation passée qui viendrait contredire l'hypothèse ou le corpus d'hypothèses formulées. Cela ne veut pas dire que les hypothèses formulées plus haut soient pour autant justes, mais elles éliminent définitivement l'hypothèse créationniste, ce qui va encore dans le sens des probabilités. Conformément à notre position de départ, il n'y a nul besoin de créateur, ni même d'organisateur, l'ensemble allant de lui-même à partir des évènements initiaux, le silence du vide remplaçant le verbe tonitruant. Ceux-là ne requièrent qu'une situation progressivement déstabilisée, c'est-à-dire pour reprendre une terminologie prigoginienne, une situation dont l'organisation est totale, l'énergie possible maximale, formant un équilibre instable, un rien suffisant à la dissiper pour aboutir à un état nouveau. Les religions et leurs dogmes ne peuvent s'inscrire dans une telle logique. Ils n'y ont simplement aucune place. Ils apparaissent pour ce qu'ils sont : un mécanisme intime qui aide, par la création de l'espérance, au maintien d'une activité dans un sens organisationnel tant au plan individuel que collectif. La foi et la croyance sont des anxiolytiques efficaces pour beaucoup, moyennant rétribution des organisateurs, mais seulement tant qu'ils stabilisent dans le sens de l'organisation créatrice. La version liberticide des religions est au contraire destructrice de créativité et ne peut avoir le moindre avenir, quelle que soit l'échelle du regard.

Au bout de ce parcours que faut-il retenir ? Que le rôle du codage et celui de la pensée ne sont que contingents à une autre logique d'ordre plus élevé, celui de la production d'énergie. On peut vivre sans penser, mais pas penser sans vivre, on peut être très faiblement codé par une simple fonction et pourtant se reproduire à l'identique pour des siècles et des siècles. Un ami résumait cette situation du vivant en disant que ce n'était pas la jauge à essence qui déterminait la panne mais l'utilisation possible du carburant, sa quantité, sa combustion. Les conséquences de ces réflexions sont considérables, non seulement en biologie mais dans tous les champs d'exercices du vivant, quel que soit son format. Les réfuter en raison de leur caractère renversant est toujours possible, mais je crains que ce monde de l'ordre immuable à finalité de codage humain ne soit une illusion comme une autre. Que le monde soit déterministe ou aléatoire importe peu : il est et nous y sommes.

Normalité, maladie et diagnostic

Le vivant nous apparait ainsi phénomène oscillant entre des impossibles. L'atteinte des valeurs limites d'organisation, d'énergie, d'équilibre, ramène à la case départ dès que le sens entropique n'est plus respecté. La traduction de ces valeurs limites est compatible avec les fonctions itératives pensées par Poincaré, Le Grand Scientifique Français, formulées par Lorenz et à la représentation appelée fractale imaginée par Mandelbrot. Il ne s'agit pas seulement de fonctions simples dont le calcul formerait un continu mais de fonctions qui atteignant des valeurs seuil déterminées, prédéterminées ou même variables, « involuent » et reviennent vers un point de départ, tant que les conditions de la fonction d'origine ne sont pas retrouvées et atteintes. La fonction est toujours aussi simple, mais son sens varie selon des valeurs limites atteignables ou atteintes dans un sens ou l'autre. À une tout autre échelle, considérer le moment du diagnostic d'une maladie, c'est-à-dire l'excursion dans un champ anormal, va changer énormément en fonction du moment de départ initial que l'on considèrera pour la maladie. La maladie commence-t-elle avec le premier symptôme ou est-elle la résultante d'une histoire de déséquilibres successifs finissant par se manifester par un symptôme ? Ne considérer que le résultat du parcours en ignorant le chemin parcouru ne produit qu'une médecine symptomatique qui peut-être pertinente, mais ne sera curative que s'il y a coïncidence entre début de la maladie et occurrence du symptôme. Dans les autres cas c'est le diagnostic d'une fin de processus qui sera prononcé, dont il sera impossible de réécrire l'histoire, de le définir, et par conséquent également impossible d'en changer le cours.

À partir de là comment raccrocher le normal au pathologique, Darwin à Foucault et Prigogine ? Le problème semble insoluble et renvoie directement aux concepts scientifiques qui se sont succédé. Le vivant est un ensemble à point de départ fixé mais variable d'un individu à l'autre. Les seuls éléments tangibles sont la date de naissance, le temps, l'espace et les parents à l'instant de la procréation. Le format global est donc donné, mais à condition de regarder avec vivacité car l'instant change immédiatement, entrainant une évolution à l'intérieur de l'individu, sous la contrainte, quelle que soit sa légèreté et de l'extérieur. Une hypothèse consiste à considérer que le tout est déjà pensé et prévu, c'est le fatalisme dogmatique, une autre à dire qu'il est programmé, mais pas pensé, c'est l'athéisme scientiste, et une troisième que le tout n'est pas programmé, mais évolue de manière réactionnelle en fonction de possibles. Ces possibles ne sont que partiellement aléatoires car le point de départ du vivant est donné, à la différence de l'environnement qui est lui imprévisible, au mieux probable. Une évolution ultime de cette adaptation à l'environnement est la voie impossible : les variations sont telles que, compte tenu des possibles éventuels, le plus probable ou le seul restant est alors incompatible avec la persistance du vivant. La vie continue un temps, mais les évènements en cascade qui se succèdent et s'enchainent aboutissent à la création de nouveaux défis insurmontables et finalement à l'impasse métabolique. C'est bien le sens du temps qui fixe l'irréversibilité partielle ou totale de la réaction chimique et le cas échéant conduit à la notion de cul-de-sac.

Bien sûr il n'y a pas que des impasses, même si au fond la vie de l'individu est une succession de petits, mais mauvais, compromis qui finissent par l'ultime et irréversible compromission. C'est par la procréation que le vivant s'échappe de la spirale, à condition de changer radicalement de logiciel, en fait à 50 %, par l'apport des possibles issus du partenaire lors de la reproduction sexuée. Il y a dans ce cas un battage des cartes qui refonde l'équation de départ. À quoi bon la reproduction sexuée et cette acrobatie méiotique[55], si l'individu était parfait et parfaitement programmé ? Il suffirait d'une reproduction à l'identique. Ce que nous dit la reproduction sexuée c'est que la programmation est à ce point imparfaite que la seule manière de poursuivre l'aventure est de tout changer à chaque fois au hasard. Cette vision élimine d'emblée la programmation intentionnelle dont l'humain serait déposi-

[55] Lors de la méiose, les chromosomes normalement par paire (n=46 chez l'homme) se dissocient au hasard, un exemplaire de chacun et de chaque gène allèle constituant le gamète mâle ou femelle à 23 chromosomes, les deux fusionnant pour redonner un individu fils à 46 chromosomes. (NDA).

taire à un niveau incomparable, à moins bien sûr que Dieu ne joue tout effectivement aux dés à chaque génération de chaque espèce, ce qui lui interdirait alors d'être Dieu[56].

Malgré tout, on ne peut ignorer l'existence d'un métabolisme qui fonctionne à la manière de grands cycles, certes au centre variable, à la vitesse de rotation variable, mais reproduisant tout de même des séquences aux variations en apparence négligeables. Le transport de l'oxygène se fait grâce à des tétrapyrroles dont la synthèse suit des étapes enzymatiques précises, certains produits étant même des facteurs limitant la vitesse de cycle. Il en va de même de la production d'énergie *via* le cycle de Krebs. L'activité du cycle dans sa globalité est influencée largement par l'environnement : les sportifs s'entrainent en altitude pour augmenter le taux de tétrapyrroles, ce qui constitue une sorte d'érythropoïétine du pauvre, l'EPO de notre inénarrable Tour de France, ce qui augmente leurs performances. Chaque production de chaque enzyme, une douzaine directement impliquées dans le cas du cycle de Krebs, beaucoup plus avec les coenzymes, implique la synthèse d'une protéine à partir d'informations contenues dans l'ADN du noyau et transcrite. Cela suppose là encore des systèmes cycliques. Le système pris dans sa globalité, par exemple l'individu, est supposé normal et tendant à conserver cette normalité, tendance appelée homéostasie. Cette normalité est une zone de tolérance autour d'une valeur moyenne caractéristique d'un optimum d'activité. Il ne s'agit pas d'une norme décrétée, mais de la zone de fonctionnement optimal du cycle dans des conditions moyennes données. Cette tolérance permet l'adaptation à des variations extérieures au cycle ou à l'individu, acceptables pour un individu donné et à une période, voire un

---

[56] Pour reprendre l'échange entre Niels Bohr et Albert Einstein qui aurait eu lieu au congrès Solvay en 1927 (NDA).

instant, donné. En cas de dépassement de ce niveau « acceptable », il y a impossibilité de tendre vers l'optimum sans recourir à un dépassement de la zone de tolérance (Figure 9). Ceci revient soit à déformer le cycle pour atteindre ces objectifs hors norme soit à faire appel à un mécanisme alterne beaucoup moins performant en général que le système normalement en œuvre, et même potentiellement délétère. On pourrait dire pour schématiser que vieillir se traduit par un rétrécissement de la zone de tolérance, l'appel à des mécanismes alternes devenant de plus en plus fréquent avec le temps et les effets secondaires induits devenant également plus fréquents. La fréquence des excursions aberrantes hors de la plage de normalité initiale progresse exponentiellement, et non linéairement comme sur la Figure 9, induisant à chaque fois d'autres aberrations, de fréquence et d'amplitude relative en augmentation. La multiplication de telles situations chez un même individu aboutit à une diminution du seuil de tolérance aux écarts. Le vieillissement n'est rien d'autre qu'une addition mais aux conséquences exponentielles. On peut même imaginer que les ressources mises en œuvre pour lutter conduisent à une translation de la fourchette de normalité c'est-à-dire à un individu nouveau.

Une maladie peut être aigüe ou chronique, le temps devenant un facteur clef d'adaptation. Dans une maladie aigüe l'adaptation doit être précoce, rapide et même brutale pour répondre au besoin d'optimum de fonctionnement. C'est le recours à des mécanismes alternes non anodins qui assure le maintien de l'homéostasie, et donc la survie, mais au prix d'une déstabilisation brutale de l'ensemble. Pour prendre un exemple caricatural, passer du chaud au froid, en allant au pôle nord ou lors d'un choc cardiogénique, entraine une modification du rythme cardiaque donc de la production d'énergie par le cœur, une modification du rythme respiratoire, une modification du calibre des vaisseaux puis une augmentation des apports caloriques par l'alimentation donc une dépense accrue d'énergie pour se les procurer afin de lutter contre la baisse de production d'énergie et à l'augmentation des besoins. Au-delà d'une certaine limite, des processus alternes vont prendre le relais mais au prix de la production d'acide lactique et d'une dette d'oxygène alors que respirer plus est limité par la température, basse dans notre exemple polaire. Si un retour rapide à des conditions acceptables n'est pas réalisé, les dommages de l'accumulation d'acide lactique se feront sentir par des crampes, certains organes devenant mal oxygénés, vont ralentir et augmenter exponentiellement les effets secondaires liés à la mise en œuvre des mécanismes alternes. La cascade d'évènements deviendra alors rapidement irréversible et le retour à l'homéostasie compromis même en cas de normalisation de la température. C'est la vertu de l'entrainement, à l'inverse du vieillissement auquel il est décidément impossible de s'habituer, que de permettre un élargissement de la zone de tolérance malgré la production d'effets nouveaux, majoritairement éphémères. Se retrouver régulièrement, en absence d'entrainement, en bordure de zone rouge mène ainsi dans tous les cas à une accumulation des effets délétères issus des mécanismes alternes mis en œuvre pour tenter d'atteindre une homéostasie moyenne.

Chaque étape du métabolisme peut-être schématisée sous la forme d'un engrenage, la dernière étape dépendant de toutes les autres. Lors d'une maladie chronique, on observe une diminution progressive des capacités de chaque élément de cycle à maintenir l'ensemble de l'individu dans la zone de tolérance. Petit à petit chaque élément devient excentrique pour permettre malgré tout de satisfaire à une homéostasie moyenne permettant la poursuite de la vie, à la fois but premier et ultime. L'apparence de normalité sera conservée, au prix de dérèglements plus ou moins compensés de chaque « roue » d'engrenage. Dans le cas du diabète, qui induit une augmentation de sucre dans le sang circulant, on aura une diminution globale des capacités de production d'énergie car le glucose n'atteint plus son site de dégradation. On observera cependant une accélération concomitante du vieillissement du fait d'une augmentation *relative* de la production d'énergie là où le glucose est en concentration plus forte, étant moins utilisé là où il devrait l'être. Les vaisseaux sanguins, en particulier les cellules qui en tapissent l'intérieur sont aux premières loges de cet afflux de glucose, c'est-à-dire tous les tissus de l'organisme. Les dégâts seront irréversibles et le retour à la normale ne se fera jamais absolument. Placer les patients sous insuline corrige partiellement le problème en faisant baisser le glucose du sang et en augmentant sa combustion, mais n'empêche pas complètement les dérives cycliques excentriques et les compensations à visée homéostatique par des mécanismes inappropriés ou dans des tissus peu concernés.

La différence entre maladie aigüe et chronique n'est pas si grande et on pourrait dire qu'une maladie chronique est une maladie aigüe qui est d'abord compensée en apparence puis s'aggrave par une excentration d'un nombre croissant de cycles sur une longue période de temps, au point qu'à un moment plus rien n'est réellement à sa place d'origine et ne le sera plus. À condition d'y survivre sans dommage, une maladie aigüe est moins perturbante qu'une maladie chronique. L'adaptation à une anomalie peut être assimilée à un premier entrainement à résister aux désordres, ce qu'on a appelé ailleurs l'entropie. On pourrait tout à la fois imaginer qu'un nouveau désordre survenant, l'adaptation soit meilleure, par exemple plus rapide ou plus complète, en vue de rétablir l'homéostasie, mais aussi qu'un nouveau désordre ajouté au premier soit la goutte d'eau qui déstabilise l'ensemble. Le « syndrome de fragilité » de la personne âgée résulte de désordres surmontés au cours de la vie qui ont généré de la « dette » d'espérance de vie, sans pour autant mettre un terme immédiat et objectif à la vie. La personne fragile aux antécédents de bronchite chronique, de diabète ou d'athérosclérose pourra ne pas survivre à une grippe et présentera une défaillance rénale quand la même grippe survenant sur une personne moins fragile n'induira que des fonctionnements cycliques excentriques temporaires, compatibles avec la survie.

Si cela était vrai de la maladie qu'en serait-il de la normalité ? Où commencerait-elle ? Pas avec ceux qui auraient la vie la plus éphémère, donc avec ceux qui vivent le plus longtemps ? Seuls les centenaires seraient donc normaux, si le sens de la vie est bien, ce que je crois, de vivre, mais l'ignorant jusqu'au dernier moment, en compétition silencieuse pour l'émergence d'un nouvel homme ? Pourtant, ils sont eux-mêmes, quoiqu'archétype de normalité, un résultat se dégradant lentement de manière aléatoire, en apparence depuis l'âge adulte. L'âge adulte serait donc ce point d'inflexion d'une courbe de survie où la bascule se ferait entre la fin d'une croissance et le début d'une décroissance. Curieusement ce point est à peu près identique d'un individu à l'autre au sein d'une espèce, seul le temps de vieillissement changeant. La normalité est donc inatteignable à l'individu concerné, n'étant mesurable qu'après la fin par des observateurs attentifs et extérieurs. Il y aurait donc des normaux et des anormaux coexistant, seul le temps faisant son choix. Admettre une programmation « préalablement normale » ou favorable implique aussi d'admettre de manière malthusienne une programmation « anormale » ou défavorable tout aussi préalable. Je ne peux me résoudre à cette hypothèse séduisante car elle est en contradiction avec toute l'histoire des hommes et même des vivants. Surtout elle serait déterministe et tout aussi en contradiction avec l'évolution. Elle impliquerait que ce qui nous entoure n'a pas d'influence sur ce que nous sommes alors au contraire que c'est l'autour qui nous détermine. Il n'y a aucune raison pour que la pression sélective de Darwin joue pour tous les vivants à l'exclusion des hommes. Alors que nous sommes dits socialement égaux, certains plus que d'autres cependant, c'est même la base de tous les rapports humains, la société n'influe qu'en tant que condition environnementale sur l'évolution de l'humain et de manière réversible. C'est heureux car si les situations sociales étaient définitives, la nature serait soumise et les maladies, mais aussi les différences, seraient à jamais absentes car devenues fixes. L'histoire s'arrêterait faute d'événements pour la marquer. Cependant, nous observons que dès lors qu'il y a eu l'eau courante, le format fondamental de notre espèce a enfin pu donner sa mesure, sans que le génome intervienne d'aucune manière. Les gènes des individus d'avant 1850 étaient les mêmes que ceux d'après, mais la population française est passée de 36 millions d'habitants en 1850 à 65,8 en 2013 et a augmenté de 30 % de 1960 à 2010.

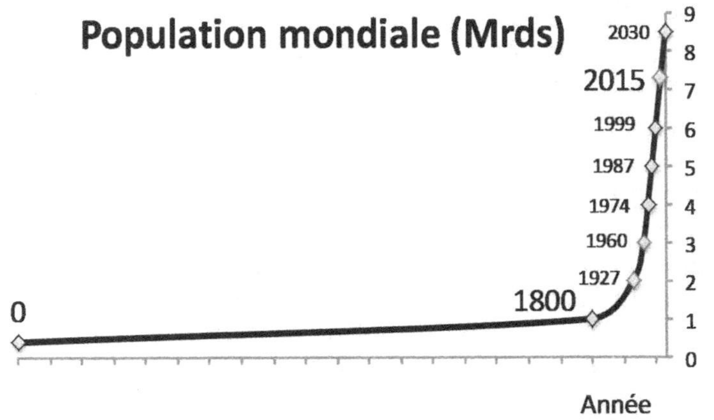

Figure 10 : Évolution de la population mondiale de l'an 0 à nos jours. JJ Rousseau est né en 1712, inspirateur du Siècle des Lumières.

Le normal d'après la guérison n'est qu'une apparence de normal. Par extension on peut dire que le normal d'après un instant de vie n'est qu'une mauvaise copie de l'instant d'avant. La médecine, qui s'exerce aux deux bouts de la vie mais peu, dans nos sociétés, sur le temps d'apparence normale, intervient en cas de maladie avérée en agissant sur les symptômes qui la révèlent. Malgré tout elle parvient souvent à restaurer une situation « acceptablement normale » compromise par la conjonction de symptômes qui sont autant de témoins d'anomalies métaboliques. L'individu en lutte tente de retrouver un état aussi proche de la normale que possible et à tout le moins un état permettant la satisfaction des besoins vitaux primaires. Pourtant, considérer la maladie lorsqu'elle est avérée c'est arriver après la bataille, à l'amorce de la retraite et en observer la plus récente des conséquences qui, associée aux autres, constitue le tableau clinique. C'est parce que l'état normal est celui qui permet le mieux cette satisfaction et que l'individu est optimisé à sa naissance pour fonctionner normalement que la guérison s'approche de la normale, ce qui ne veut absolument pas dire que le normal soit effectivement atteint lors de la guérison. Comme il y a des traces osseuses après une fracture il y a aussi des traces métaboliques, certaines aboutissant à la mise en place transitoire, à moyen terme ou même définitive, de nouveaux processus, anormaux par rapport à un instant initial de normalité, mais normaux au sens de la continuité de la vie. Peu importe comment le vivant y arrive du moment que la vie persiste et qu'elle apparait conforme à l'idée que nous nous faisons d'elle. Se poser alors la question du pourquoi impliquerait de ne pas se satisfaire de l'évidence masquant d'autres causes, formant un bilan algébrique entre les conséquences des causes et la réaction à ces conséquences mises en œuvre pour continuer à vivre le moins mal possible.

Dans le cadre de ces réflexions, l'effet « bystander » m'a beaucoup intrigué. Décrit initialement à l'occasion d'une irradiation par rayonnements ionisants[57,58,59], j'ai montré qu'un phénomène analogue existait lors d'une réaction faisant intervenir de la lumière, de l'oxygène et de la matière vivante. Cet effet « bystander » se définit par la persistance d'effets observés lors de l'irradiation, *après* la fin de l'irradiation, effets qui sont même transférables à des organismes vivants n'ayant jamais subi directement l'irradiation. La nature des mécanismes aboutissant à ce phénomène est mal connue. Elle constitue en tout cas un exemple de mémoire métabolique qui, au moins lors de

---

[57] H. Nagasawa, Induction of sister chromatid exchanges by extremely low doses of alpha-particles *Cancer Research* 1992, 52 (22): 6394–6396.
[58] C. Mothersill, Radiation-induced bystander effects: implication for cancer *Nature* 2004 , 4: 256, 63.
[59] C. Mothersill, Medium from irradiated human epithelial cells but not human fibroblasts reduces the clonogenic survival of unirradiated cells *Int J Radiat Biol.* 1997, 71:421–427.

désordres violents, quoique n'entrainant pas la mort tissulaire, s'exerce longtemps après la fin de l'évènement au point que l'état normal n'est jamais retrouvé, que le *statu quo ante* n'est qu'un souvenir. Je crois qu'on peut raisonnablement imaginer que pour des pathologies moins critiques, par exemple une grippe, un effet « bystander » modeste puisse aussi exister, la guérison se manifestant par le retour à un état très proche de la normale dans ce cas. Il en va tout autrement des maladies chroniques, c'est-à-dire de maladies qui s'installent dans la durée au point que la guérison puisse ne plus être envisageable. Une maladie chronique est-elle alors la conséquence incurable d'une cause persistante ou la conséquence aberrante persistante, permettant toutefois la vie quoique moyennant la persistance de symptômes, d'une cause transitoire désormais disparue mais ayant laissé une trace métabolique ? On pourrait imaginer également un mécanisme oscillant entre une cause persistante générant des conséquences, en masquant les effets, générant une situation aberrante s'épuisant dans le temps et permettant alors la réexpression de la cause. Un certain nombre de situations post infectieuses pourraient relever de telles situations. À l'issue de l'invasion initiale par la bactérie ou le virus, des mécanismes réactionnels métaboliques s'installent chez l'hôte en réponse à la situation inflammatoire de défense. Certains d'entre eux peuvent perdurer au-delà de la disparition définitive ou temporaire de l'agent infectieux, suivre le rythme de l'expression de l'agent infectieux, lui-même dépendant des défenses de l'organisme. C'est un cercle vicieux qui est initié par l'agent infectieux, dont il peut être ensuite absent ou n'avoir plus qu'un rôle secondaire de « réactivateur ». La séquence est alors : contamination par l'agent infectieux, réaction inflammatoire, augmentation de la production d'énergie, modification des processus, contrôle de l'agent infectieux, affaiblissement des ressources énergétiques, réexpression infectieuse, etc. Les médicaments introduisent une variable supplémentaire. Luttant contre l'agent infectieux, ils ont un impact imprévisible sur la chaine métabolique activée lors de l'infection, et un impact imprévisible sur l'agent infectieux ou le reste de la chaine, le tout étant variable en fonction de l'individu et du temps du vivant concerné par la maladie et ses processus. Si le vieillissement est une sorte de maladie chronique incurable, l'évolution d'une espèce ne pourrait-elle pas être considérée comme une conséquence de la somme d'effets « bystander » étendue à tous les vivants de cette espèce ?

Nutrition et environnement, le centre du monde

Ne pourrait-on avancer qu'il en va de même de la nourriture que du besoin de se sentir propre ? Nous butons alors encore sur cette normalité : manger de la morue est normal à Terre Neuve et manger des tomates, normal dans le Sud. Ce n'est pas seulement une affaire de goût et de disponibilité de la ressource, mais aussi une adéquation entre la biologie d'un individu, ses besoins nutritionnels quantitatifs et qualitatifs et sa capacité à les utiliser. Ce qui a conditionné l'espérance de vie c'est la possibilité de se soustraire aux agents infectieux tout en ayant une ration alimentaire sinon optimisée du moins suffisante ou normale de 3200 kcal pour un adulte au repos en région tempérée, soit par exemple 800 g de pâtes par jour, ce qui n'est pas si évident à atteindre pour tous.

L'exposition à la lumière a de même conditionné les migrations humaines en fonction de la pigmentation cutanée ou de la pilosité et a impliqué des adaptations métaboliques. La vitamine D, plus efficace chez l'homme quand elle est activée par la lumière, conditionne la captation du calcium issu des plantes ou du lait, indispensable aux os, aux muscles et au système nerveux.

Sans cette activation, on observe l'apparition du rachitisme qui consiste en des anomalies squelettiques, sauf alimentation enrichie en vitamine D. Il n'y a pas de hasard dans le fait que les hommes du nord au soleil capricieux aient une peau peu pigmentée et vivent à proximité des flétans et des morues dont le foie contient de grandes quantités de vitamine D. Si nous avons des cheveux, c'est aussi que la normale au rayonnement solaire est perpendiculaire à la surface du crâne à midi sous les tropiques. Sans cheveux, les cancers cutanés nous extermineraient. La route des migrations hors de l'Afrique a suivi la zone de pousse endémique de l'épeautre, une céréale sauvage, riche en vitamine D, mais aussi et surtout en phénylalanine, le seul acide aminé sur les 21 existants que nous ne soyons pas capables de fabriquer. Cette phénylalanine est le précurseur des principaux médiateurs chimiques impliqués dans la transmission de l'influx nerveux entre les neurones de notre gros cerveau ou commandant à nos muscles. Il est d'ailleurs étrange, compte tenu de la place que nous voulons occuper dans l'arbre de vie, que cette phénylalanine si indispensable soit le seul acide aminé que nous soyons incapables de synthétiser ! De la même manière, si j'ajoute du sel, est-ce par goût, parce que j'y suis incité par des industriels cupides ou parce que j'en ai besoin pour réguler ma tension artérielle de bipède ? C'est le sel et les protéines qui garantissent le maintien de cette tension qui varie avec la hauteur de la colonne de liquide et sera de 1,8 m pour un individu de 1,8 m, mais de 30 cm pour un chat. Toute l'énergie qu'utilise le cœur pour propulser le sang à 1,8 m de haut, c'est autant de moins de disponible pour les autres muscles de la course à pied, nous l'avons noté. Or, dans l'histoire éternelle du gibier et du prédateur, tout est affaire de position en hauteur, de vitesse initiale et de réflexes, c'est-à-dire de fuite pour la proie facile que nous avons été. Nous reconstruisons une belle histoire de traditions culinaires ou de conquêtes du monde à partir de besoins fondamentaux qui pour être prosaïques n'ont pourtant rien de déshonorant.

Il y a peu et beaucoup de déterminisme dans ces considérations qui sont pourtant volontiers aléatoires. Le vivant, sa durée de vie, sont, dans un cadre donné, fonction des évènements. À basse température, je produis moins d'énergie mais j'ai besoin de plus de cette énergie alors que dans un environnement chaud et humide je devrai utiliser de l'énergie pour me refroidir et me maintenir aux alentours de 37 °C quand l'oxygène sera moins présent remplacé par de la vapeur d'eau. Je dois donc être adapté et m'adapter à l'environnement que je fréquente. Le normal n'est pas ici de suivre une norme immuable décrétée en assemblée, mais bien de s'adapter à un besoin. La norme n'est plus une norme mais ma norme, pas celle de la souris ni celle du voisin. En fonction des circonstances je suis donc incertainement normal et peux me révéler certainement anormal. Je suis, et vous aussi qui me lisez, bien loin de l'animal-machine déterminé et immuable de Descartes. Ayant cessé d'être fils de dieu avec Copernic, abandonné en position incertaine dans le vaste univers, souvent malade, me voilà, goinfre capricieux, soumis aux vents mauvais du climat. Soleil, température, atmosphère, sont mes déterminants fondamentaux agissant directement sur moi, agissant indirectement sur moi *via* ce que j'absorbe de l'environnement au sein duquel j'évolue. Un animal est une plante sans racine, mais mobile, ceci compensant cela. Je puise tout de la terre, calcium, sodium, protéines animales ou végétales, suis formé à 60 % d'eau polluée ou non, je respire 6 L/minute d'air avec ou sans particules. Lors d'une éclipse de Soleil, en même temps que les oiseaux cessent de chanter, je fanfaronne, car je crois savoir, mais j'ai froid comme eux. Enfin, je rendrai tout à la terre, un jour.

L'espérance de vie et donc mon espace de liberté en tant que système complexe, est définie également par la capacité d'adaptation. Affaibli par la maladie ou l'âge, mon espace de liberté est d'autant plus limité que la capacité de mouvement de chaque particule de mon ensemble augmente en proportion mais que l'écartement des valeurs hautes et basses des normes de fonctionnement diminue (Figure 9). Cette liberté de mouvement est aussi fonction de l'entropie : l'entropie est maximale dans un système où tout élément peut se mouvoir en tout point, minimale dans un système organisé, comme un cristal. Jeune tout est possible, strictement régulé, immédiatement à peu près compensé. Vieillissant, tout devient de plus en plus possible mais d'un possible qui m'échappe, sans espoir de retour, désordonné. Mes frontières deviennent perméables, je deviens soluble. L'énergie maintient l'organisation en créant de l'auto-organisation, juchant l'œuf sur sa brique. La production d'énergie gouverne tous nos comportements, est au cœur de toute notre écologie, de notre physiologie. Nous sommes directement des êtres thermodynamiques avec des entrées, des sorties et des changements. Nous ne sommes pas des espaces déterminés finis, puisque nous sommes dans un équilibre perpétuellement changeant avec l'autour. Nous cherchons à conserver un format stable en dépit de ces changements incessants, c'est l'homéostasie, mais la remise en liberté de nos constituants et l'auto-désorganisation totale nous guettent. Nous luttons aussi contre cette remise en liberté totale de nos atomes à la suite de la perte de production d'énergie, c'est-à-dire contre la mort. L'énergie nous auto-organise, nous permet de maintenir le format mais avec un rendement de moins en moins bon. Au contraire, à partir de la naissance nous sommes en croissance auto-organisante, l'élément décisif étant la capacité à mobiliser l'oxygène, le comburant indispensable à la production d'énergie, cette espèce moléculaire bizarre, tout en étant capable d'en maitriser les conséquences délétères. Au-delà de l'âge adulte, nous nous auto-désorganisons. Les deux phases ont en commun d'être irrémédiables à chaque instant ce qui constitue la flèche de notre temps de vie.

Chaque production accessoire d'évènements délétères oxydants passe inaperçue si elle n'entraine pas de symptôme. Pourtant, on peut la considérer comme une maladie à bas bruit entrainant le vieillissement, état d'une particulière gravité puisqu'il conduit dans 100 % des cas à la mort. La maladie a ceci de différent de chaque *quantum* d'usure du vieillissement qu'elle est révélée par des symptômes rapides et criants. Partir de l'idée que chaque maladie résulte d'une anomalie de codage reviendrait à chercher une aiguille différente pour chacune dans une botte de foin, et même une aiguille différente pour chacune des petites défaites qui nous rapprochent à chaque instant du terme. La démarche apparait réductrice puisqu'elle amène à rechercher une multitude d'éléments singuliers, mais communs à tous, au sein d'une population réputée formée d'individus différents ayant des vécus disparates, susceptibles d'induire des désordres différents. Une telle démarche me parait peu convaincante et de fait je n'ai jamais imaginé apporter ma pierre à un tel édifice. Si le codage compte dans le format de départ de l'individu, admettre que le codage est d'importance relative par rapport à l'environnement permet « d'ouvrir le jeu » et de se mettre en quête de *similitudes* entre des pathologies différentes. Il s'agit dès lors d'identifier des convergences d'histoires au sein de vastes populations au lieu d'identifier des divergences à la norme parmi de multiples individus. De plus la logique cartésienne énoncée par Robert Koch suggère, une fois une cause identifiée, de reproduire la maladie artificiellement en mettant en œuvre la cause et de la guérir par la suppression de la cause. C'est évidemment très difficile en général et impossible dans le cas d'un codage d'une cause clairement identifiée. Enfin le codage n'a d'intérêt qu'à travers l'expression de ce pour quoi il code. Il est donc beaucoup plus puissant de considérer le produit que la cause.

Peut-on prétendre que Darwin s'exerce toujours sur l'humain à travers la résistance aux maladies ? Une nouvelle espèce d'humains serait ainsi formée d'humains plus résistants aux désordres métaboliques c'est-à-dire plus adaptables aux désordres induits en provenance de l'extérieur d'un système donné. Pour que la démonstration puisse en être faite, il faut que des individus en grand nombre soient soumis à des agressions violentes et multiples et y résistent par rapport à d'autres qui y succombent. Une analyse grossière suggère que les choses ne se passent pas du tout comme cela : les individus les moins résistants aux changements environnementaux trouvent des parades artificielles, par exemple en augmentant le chauffage ou en déménageant quand il fait froid, ceux qui n'ont pas accès à ces parades succombant aux changements. Il y a un parallèle indubitable entre espérance de vie et PIB au moins sur des populations à niveau socioculturel comparable. Il n'y a donc pas adaptation génétique mais adaptation sociale, qui se fait moyennant une accélération des dépenses énergétiques. On pourrait supposer que la surpopulation va induire l'émergence d'individus capables de se contenter de moins pour vivre autant voire plus que la norme ne le voudrait. Les mécanismes sociaux de compensation masquent souvent ces mécanismes darwiniens aboutissant à des changements individualisables, caractérisables. Si, dans un monde de bons sauvages rousseauistes, la démographie a été gouvernée par la ressource et la force permettant de l'acquérir, la loi des marchés ou le large choix de stratégies d'évitement interdisent de plus en plus une sélection naturelle brutale. Le grand et fort d'un instant n'est pas à terme une solution viable car il consomme beaucoup de ressources pour un rendement limité dans le temps. Or, nous pouvons justement observer un grandissement de la population occidentale en même temps que d'autres auteurs[60] suggèrent une réduction des capacités intellectuelles... En 2007, la taille moyenne des hommes était de 1,75 m et de 1,63 m pour les femmes contre respectivement 1,66 m et 1,54 m en 1900 mais 5 cm ont été gagnés pour la seule période comprise entre 1960 et 1990. Si l'on se réfère aux données produites par le Genomes Project Consortium et à deux études récemment publiées il est estimé que durant les trois mille dernières années (à peu près cent vingt générations), près de cinq mille nouvelles mutations ont eu lieu dans les gènes gouvernant notre capacité intellectuelle. La plupart de ces mutations n'ont aucun effet apparent (2 à 5 % étant nocives), alors « qu'une fraction extrêmement petite accroît notre condition physique ». On pourrait, au lieu de convoquer le génome, tout aussi bien considérer l'ensemble thermodynamique représenté par l'individu : si la taille augmente, l'énergie nécessaire à son fonctionnement, par exemple musculaire lié à la charge pondérale, augmente, ce qui réduit d'autant les substrats et l'oxygène disponibles pour le cerveau. C'est d'ailleurs une hypothèse gouvernant les extinctions de masse d'espèces : devenus très et même trop grands, les dinosaures généraient beaucoup d'auto-organisation mais ont épuisé leur biotope ce qui les a fragilisés et les a éliminés, lors d'un déséquilibre accidentel supplémentaire, incapables de mettre en œuvre

[60] G.R. Crabtree, Our fragile intellect, *Trends in genetics*, 2013, 29, 1-5.

les stratégies d'évitement nécessaires. L'avenir, dans un cadre social stable et comparable à celui que nous avons, est plutôt au petit format qui imaginera des stratégies d'évitement et aura une longévité importante à bas coût énergétique.

Une autre question vient à l'esprit qui est de savoir ce qui a poussé à considérer le génome comme occupant une place à part dans l'organisation et l'évolution du vivant, une place hiérarchiquement supérieure. Une telle position, arbitraire et artificielle, est à rapprocher de la séparation du corps et de l'esprit de Descartes. Un noyau sans le reste de la cellule n'est rien et la cellule est elle-même séparée de l'extérieur par une membrane perméable et sélective. Elle n'est donc que par et pour cette limite et sans l'extérieur, l'intérieur n'a plus de sens. Mater la nature a été réputé achevé avec l'enthousiasme de la révolution industrielle du XIXe siècle. Sans doute dans le même élan, la révolution hospitalière et scientifique qui l'a accompagnée a-t-elle conduit à un intérêt particulier pour les sciences dures, c'est-à-dire ce qui est expérimentalement démontrable et quantifiable. Le concept de code génétique a répondu à la fois au déterminisme et à la conjoncture sociale d'une époque sans doute révolue.

Les nouveaux médicaments

Il pourrait être tentant de déclarer tout net : compte tenu de ce qui a été énoncé, les antioxydants seraient des médicaments de choix, bons à tout, alors que l'expérience montre, pour être politiquement correct, que les effets de ceux que nous connaissons ne sont pas toujours aisément démontrables. Ce serait appliquer une démarche déterministe pure et dure alors que précisément elle serait inapplicable, nos problèmes n'étant pas de nature déterministe. La compréhension de la figure 9 implique une réduction de l'espace de liberté de nos fluctuations métaboliques, de notre adaptabilité. Ce qui importe c'est de faire en sorte que cette restriction soit la plus lente possible et ce dès le premier jour de vie, du moins dès que nous sommes en mesure d'avoir une démarche proactive. Pour cette raison, une alimentation raisonnée s'exerçant au jour le jour est susceptible de freiner la désorganisation, mais en aucun cas de la supprimer. Le mot raisonné contient tout l'énoncé du problème mais il est peut-être envisageable de proposer une alimentation adaptée au métabolisme de chacun, et d'en contrôler les effets. Nous avons en effet mis au point un test permettant de quantifier indirectement l'influence de l'alimentation sur les processus oxydatifs. Une première piste consisterait donc à prévenir beaucoup plus, au fur et à mesure, tout excès « déraisonnable », quoique je ne sache pas quoi ranger *a priori* dans cette case « raison » qui consiste peut-être à faire ce que j'ai envie quand j'en ai envie.

Pour autant, si les agents pathogènes, bactéries et virus, ne sont pas entièrement responsables des troubles qu'ils induisent, ils n'en demeurent pas moins à éviter et à combattre, quand l'évitement a failli, ainsi que les effets induits souvent prédominants qui apparaissent. Les combattre est du domaine de l'antibiothérapie mais associée à des agents capables de détourner de leurs cibles des espèces oxydantes produites collatéralement aux désordres métaboliques. Il ne s'agit pas cependant de boire un peu de jus de citron en plus ou d'absorber à l'aveugle un peu de n'importe quoi. Il ne s'agit pas non plus de mettre à l'arrêt tout métabolisme au prétexte que la machine s'emballe et entre en surchauffe, encore que le repos soit empiriquement souvent préconisé en cas de maladie. Il s'agit d'identifier, au coup par coup, les désordres induits et de proposer des contremesures adaptées et spécifiques. Les essais réalisés en aveugle consistant à supplémenter des individus en substances dites antioxydantes ont tous raté malgré leur ampleur, parfois considérable, quand ils n'ont pas été nuisibles. La raison de ces échecs est double : la démarche était non spécifique, faite de substances « réputées » et s'adressant à des patients dont on ignorait de quels antioxydants ils auraient pu avoir besoin, au cas où ils seraient tombés malades. Les antioxydants classiques résultent d'une recherche purement déterministe et confinant au ridicule. On mesure la valeur d'un couple rédox, le déplacement de charges électriques lors de la mise en contact de deux substances, l'une oxydante attirant les électrons, l'autre réductrice les cédant, en mettant une électrode dans chaque tube rempli d'un des membres du couple et d'eau, les électrodes étant reliées à un galvanomètre. La mesure est juste mais le principe est faux ou plus exactement il ne reflète en rien la situation d'un vivant et *a fortiori* celle d'un malade. Pour rendre l'expérience plus démonstrative, on enlèvera par exemple les protéines, en particulier l'albumine, alors que celles-ci sont des antioxydants puissants. De plus, les antioxydants, nombreux et mal identifiés, coopèrent au sein de chaines métaboliques et les tester un par un est dépourvu de sens, quand il est sans grand sens de les tester ensemble puisqu'on ne peut connaitre les étapes, aléatoires, du processus. Par exemple la vitamine C toute seule est pro oxydante, c'est d'ailleurs un acide, l'acide ascorbique, mais devient antioxydante en présence de vitamine E laquelle est, seule, à peu près sans effet, alors qu'on ignore si la vitamine E devrait ou non agir en premier.

C'est donc la définition même d'antioxydant *in vivo* qui doit être précisée et précisée dans des conditions expérimentales pertinentes. Ni le tube à essai, ni la cohorte de gens sains ne le sont, l'un par ce qu'il ne ressemble qu'à un tube, l'autre parce qu'il ne concerne pas des *individus* malades. La démarche consistant à produire de l'oxydation *in vivo* chez l'animal de manière isolée n'est pas non plus très pertinente, car l'animal ressemble encore moins au malade qu'à l'individu sain. Les cascades d'évènements oxydatifs sont donc très différentes chez la souris, chez un bébé faisant de la fièvre à cause d'une poussée dentaire ou à cause d'une gastro-entérite. Je crois qu'en absence de mesures fiables en temps réel des désordres oxydatifs, il est illusoire d'espérer mettre la main sur l'antioxydant idéal qui allongerait démesurément le temps de vie. En revanche en situation d'urgence, de choc par exemple, quelle qu'en soit l'origine, infarctus, AVC ou sepsis, les désordres sont majeurs, criants, et quantifiables. Il est tout à fait possible, patient par patient, de définir les manques et de les combler par des substances puissantes. Leur emploi doit être forcément limité dans le temps, car leur toxicité pourrait être considérable, et contrôlé. Il s'agirait dans ces cas de détourner de leur cible les espèces oxydantes générées en excès et faire en sorte que très vite le métabolisme normal reprenne le dessus. Franchir un cap difficile, en adoucir les contours seraient les objectifs, afin d'éviter que les désordres s'ajoutent aux désordres en une spirale infernale.

Crise paradigmatique

Comme la médecine est peu par rapport à l'hygiène, le programmé est peu par rapport à l'aléatoire. Voilà le sens de l'histoire que je peux proposer *a posteriori* de cet oxygène que j'ai excité au début de ma carrière par de la lumière infrarouge, qui s'est retrouvé ensuite excité dans le visible en présence de photosensibilisants variés, plus tard. Je n'avais aucune conscience, à ces moments, de la nature de ce que je faisais. J'étais certain, croyant en ce que je faisais, fidèle à la voie fixée, quoique prêt à douter, pour peu qu'on m'en offre l'occasion. L'incertain rodait, à la fois aléatoire et omniprésent sous la forme de l'oxygène et de la lumière. Si je n'ai pas été tellement surpris de ne pas exactement arriver où je pensais être, en revanche je suis surpris du peu d'aide que j'ai pu trouver, tant parmi les savoirs qui m'avaient été inculqués que ceux disponibles chez d'autres. L'incompréhension à la fois de ce que je dis et de ce que j'entends m'interpelle. Si faire le constat de l'ignorance est troublant mais naturel, faire le bilan de ce qu'on aurait dû ou pu être, avoir appris ou su et qui n'a pas été enseigné induit un doute qui s'étend comme une tache d'huile à tous les autres savoirs. Ce sont des rencontres, elles aussi aléatoires et improbables qui m'ont heureusement orienté.

Une de ces rencontres a permis, au fil des conversations, d'établir un possible lien, puis de l'affirmer, entre l'oxygène, l'oxygène singulet, la résistance à l'oxydation que je fréquentais innocemment depuis un quart de siècle et la thermodynamique du chaos énoncée par Ilya Prigogine, Prix Nobel en 1977[61]. À partir de cette clef de

[61] I. Prigogine, *Les lois du chaos*, Paris, Flammarion, 1994.

compréhension j'ai pu relire, avec un œil biologique, la thermodynamique avec Henri Poincaré, aborder Boltzman et appréhender Mendelbrot, l'homme des fractales. Ayant conscience que la biologie non seulement n'est pas déterministe mais est pour une large part aléatoire et ne peut être autrement, ma définition du vivant, pouvait se mettre en place, au moins pour quelque temps.

Que personne n'ait cru bon d'attirer le regard de l'étudiant que j'ai été sur ces questions essentielles, sur les noms de Poincaré, d'Einstein, de Wigner ou Prigogine trouve sa réponse dans une seule explication aux conséquences terribles : toute la biologie, et sans doute une bonne part du reste de la société française, fonctionne selon des principes dogmatiques. Le positivisme est le déterminisme cartésien érigé en religion. Tout phénomène, à commencer par le premier, a une cause, connaissant toutes les causes on pourra certainement reconstruire l'ensemble à partir d'équations, non pas établies par hasard fractalien mais pensées et démontrées, l'humain décidément fils de Dieu pouvant alors grâce à sa science assumer enfin son rôle dignement. Vue du médecin, chaque maladie a une cause et une seule, ne tolérant qu'à reculons d'éventuels cofacteurs, cause ne demandant qu'à se laisser débusquer et annihiler pour permettre instantanément la *restitutio ad integrum*. Cette croyance mystique dans le chiffre premier se retrouve dans l'évaluation, la planification, l'administration, la notation, le culte du détail minimaliste, mais a envahi simultanément le domaine juridique donnant le droit positif et la médecine. Auguste Comte professeur de mathématiques à l'École Polytechnique se décrivait athée pour mieux supplanter l'existant par une autre religion, le scientisme. Il était déjà quasi Dieu et s'estimant par avance en mesure d'en reproduire l'œuvre avait entrepris sans plus attendre la rédaction d'un nouveau calendrier. Son enseignement qui a le mérite de la simplicité a séduit des générations de dirigeants, inspiré enseignement et recherche, refusant la complexité et l'impossibilité de cerner autre chose que la certitude illusoire[62]. En biologie, les programmes de recherche sont dans la quête compétitive de la dissection du toujours plus petit, ignorant même les postulats de Koch qui obligent à effectuer le retour inverse du petit au général, ignorants encore toute approche dynamique d'une situation. Une fois décrit, un phénomène est et demeure pierre angulaire. Pourtant, le foisonnement de petits éléments, la multiplicité des trajets possibles, leur dynamisme, rend improbable, et même de plus en plus improbable en fonction de la réduction d'échelle, de pouvoir retrouver un chemin cohérent en partant du résultat observé. Cet effet est encore augmenté du fait que les grands déterminants, eau, air, feu, lumière, sont considérés acquis et passifs, sans influence autre que décorative. En fait, la recherche biologique moderne démontre l'improbabilité de ses résultats : ils sont tous justes mais tous improbables selon une formulation imaginée en 2013, l'improbabilité variant avec le cube du grossissement[63] selon $\rho = \text{absVo}\ (\text{Am}/\text{Ao})^{3}$. La quête de publications scientifiques, indispensables à la carrière, joue évidemment un rôle pervers d'accélérateur puisqu'il y a beaucoup plus de détails que d'ensembles cohérents intégrés, donc beaucoup plus à publier dans l'infinitésimal détail, d'autant que la technologie, elle, progresse dans ce sens. Il y a aussi beaucoup d'emplois maintenus…

Une autre conséquence perverse est que le foisonnement de détails doit être enseigné. Comment imaginer en

---

[62] A. Comte, *Cours de philosophie positive*, 1830 à 1842, BookSurge Publishing, 2001.

[63] absVo est le volume de l'élément considéré en valeur absolue, A l'angle sous lequel l'élément est vu, modifié par une optique selon m ou non, selon o. NDA.

effet, dans une perspective déterministe positiviste, des spécialistes qui ignoreraient l'état de l'art de leur spécialité ? Le meilleur doit être celui qui sait tout de tout. Les enseignants ayant renoncé à choisir - sont-ils formés à cela, en sont-ils capables ? -remplissent le vase, au risque d'éteindre le feu. À partir d'une formule à l'applicabilité douteuse et parfois improbable, en tout cas jamais pérenne ou utile, on génèrera des QCM[64] en introduisant une erreur ou plusieurs, le bon étudiant devant pouvoir la ou les retrouver. Il ne s'agit plus de détecter le bon mais de détecter celui qui est capable de réciter l'annuaire des téléphones dans n'importe quel ordre… et de le sélectionner, d'en faire un chef, de former ainsi une élite de ceux qui sont capables de réciter laborieusement le passé.

Le modèle doit être avant tout aux normes de ce qu'il prétend vouloir démontrer un de ces jours prochains et peu importe qu'il ne modélise rien d'autre que lui-même. Ainsi on jugera de la toxicité chez l'humain de tel médicament, effet ou produit à l'aune de ce qu'il induit chez l'animal. Alors qu'il nous est apparemment impossible pour des lasagnes de distinguer le cheval du bœuf, des tests seront réputés valides et significatifs s'ils sont effectués, comme on l'aura dûment décidé et voté en commission, sur 35 souris C57bl6, mais seront jugés absurdes s'ils ne concernent que 27 souris ou s'ils sont effectués chez la Balb/C au lieu de la souris obligée. Qui se pose la question du lien entre la souris, quelle que soit sa race, et l'humain ? La plupart des phénomènes toxiques sont oxydatifs et il n'y a rien de commun, quantitativement ou qualitativement, entre la résistance à l'oxydation de la souris, celle d'un ver à sang froid utilisé comme modèle d'oxydoréduction, *Caenorhabditis elegans*, et l'humain, car nos environnements, nos métabo-

[64] Questions à choix multiples. NDA.

lismes sont absolument différents, comme les conséquences qu'ils induisent. Comment s'étonner des divagations médiatisées à outrance de l'industrie pharmaceutique ? Sans satisfaire aux essais aux normes, pas de vente possible, mais avec les essais aucune certitude d'innocuité ni même d'efficacité n'est acquise, sauf si par hasard il y a coïncidence ponctuelle, approximative, entre résultats obtenus chez l'homme et résultats chez la souris. Curieusement, malgré notre principe de précaution nous admettons sans sourciller l'égalité métabolique, totalement imaginaire, de l'animal et de l'homme...

Pourquoi sommes-nous impuissants à comprendre l'homme par la souris ? En quoi diffère-t-elle ? Elle a deux poumons, un cerveau, si ridiculement petit qu'elle ne peut disserter, elle se tient volontiers sur des pattes arrières pour regarder alentours, avec des yeux qui voient, — mais quoi ? — utilisant ses antérieurs pour grignoter... du bois. Curieusement alors que nous sommes si fiers de notre génome abouti, nous accepterions d'en partager des bouts avec cet animal misérable, pourvu que cela nous soit utile. Elle nous ressemble en gros, mais elle n'a rien de commun avec nous. Sa relation à l'environnement est totalement différente. Elle est vive, rapide, sent le chat, prévoit sa réaction, détecte l'eau et la nourriture, se reproduit plus qu'elle ne meurt. Son métabolisme est adapté à la course, au temps qu'il fait. Elle ne sait pas lire mais elle n'a aucun besoin de lire ce qui veut dire qu'elle vit très bien sans ordinateur. Elle est parfaite, en un mot, en tant que souris quoiqu'en perpétuelle évolution. En tant qu'humains nous ne sommes pas parfaits mais nous n'évoluons pas, prisonniers semble-t-il de notre code et contents de l'être puisque nous nous croyons sommet de l'évolution, le reste se situant lamentablement au-dessous, pour toujours.

Le vivant, lieu d'échanges et de transformations, n'a que faire de l'existant et du figé éternels. Il est éphémère et dynamique, ignorant de l'instant présent comme du suivant, seulement certain du passé, mais incapable de le décrire. Au lieu de charger les disques durs des étudiants de données du passé, peu crédibles, revenons aux logiciels et à l'esprit critique. Revenons à la question épistémologique fondamentale du « Pourquoi ? ». J'apprenais au lycée de mon enfance, avec difficulté, que la manière d'obtenir les résultats valait mieux que les résultats. Qu'est devenu cet adage ? D'autant que le cartésianisme comme le positivisme sont faux par essence : la notion d'espace fermé n'existe pas plus pour le vivant que pour toute autre chose. Par suite, et selon une logique purement cartésienne, il est impossible de connaître tous les détails d'un tout et donc de le reconstruire, puisque ce tout fermé n'existe que dans notre imaginaire. La dimension politique n'est pas absente de ce raisonnement positiviste né sous Napoléon, période au néoclacissisme administratif puissant. Si l'œuvre napoléonienne accomplie n'est pas à minimiser, admettons tout de même que le hasard devait laborieusement y frayer son chemin parmi les dogmes.

La tendance actuelle de la médecine est non seulement de ne considérer, au mieux, que le moment du premier symptôme, mais encore de n'enseigner que les données souvent imaginées ou projetées d'un passé analysé rétrospectivement chez l'animal. Pire, la loi s'est mise de la partie, induisant une sorte de polymérisation sociale des comportements médicaux : il importe peu de considérer le symptôme et donc la clinique, c'est-à-dire de se servir de ses sens ou de son intuition puisque seuls des arguments chiffrés, dûment écrits et estampillés, seront opposables juridiquement. Mais comment aboutir à un résultat pertinent autre qu'aléatoire, si le passé autant que le temps présent du patient demeurent inconnus ou délibérément ignorés, si la nature humaine n'est qu'imaginée en une sorte de prolongement des constatations discutables faites chez la souris, voire de mesures extrapolées de parties infinitésimales de souris ? Autant que la religion, la loi interdit tout progrès, par précaution. Il vaut mieux selon la biologie moderne penser faux dans les règles de l'art que d'ouvrir les yeux et les oreilles, aiguiser ses sens en se débarrassant des bagages encombrants. « Tout plutôt que rêve et imagination » révèle la peur de n'être pas aussi pensants qu'une arrogance séculaire nous le dicte, d'être plus naturels et moins humains en quelque sorte. Je crains qu'une société ne visant qu'à une sécurisation des acquis, une peur de la découverte ne soit en contradiction totale avec le besoin évolutif de régulation de l'entropie et par suite condamnée, pour une raison ou une autre, indépendante de notre volonté, à la disparition pure et simple.

L'homme du XXIe siècle s'extirpe çà et là de sa chrysalide et redevient animal comme les autres, soumis aux caprices de la nature, on parle de phénomènes mais qui ne sont surement pas kantiens. Il est replacé dans son environnement, lequel, menacé, devient le centre des préoccupations, n'étant plus désormais à mater mais à préserver. Partout sont notées des discordances irrémédiables entre le paradigme biologique, déterministe et génomique, et la réalité. Le découpage disciplinaire issu du XIXe n'est pas innocent non plus et les barrières des champs vacillent aussi : la tendance naturelle du chercheur est de donner une importance excessive à sa découverte présumée et par conséquent à sa vie entière. Éliminer la concurrence est plus spontané qu'y rechercher en confiance l'inspiration nouvelle comme le remarque ironiquement Maugham en écrivant que « l'homme est plus enclin aux soustractions qu'à la table de multiplication ». Dès lors l'établissement de murs de Berlin étanches entre les disciplines, voire les sous-sous-disciplines, interdisant *par principe* tout transfert d'idées ou tout échange critique d'opinions est inévitable et objectif à atteindre. Las, les murs se fendillent déjà, sous l'influence d'un phénomène nouveau, les « big data ». La clinique que nous avons apprise, celle dont Foucault raconte l'histoire, est née de l'observation de symptômes, mis ensemble pour former des syndromes puis des maladies, sur un argument de fréquence épidémiologique. Les maladies une fois nommées ont été disséquées afin d'en identifier les plus petits dénominateurs communs, les causes apparentes. L'analyse des « big data » rendue possible par l'outil informatique transnational va faire changer l'épidémiologie de niveau de compréhension, permettre le regroupement de maladies disjointes en ensembles plus vastes, dès lors que de plus grands dénominateurs communs seront identifiés. La différence entre le croire et le savoir, entre le monde perçu et le monde réel vont devoir être revues, et nombre de ces révisions seront cruelles. Il ne peut y avoir de franchissement de limites paradigmatiques sans chocs, sans dissipation d'énergie, d'une manière ou d'une autre.

Que changer ?

De ces réflexions qu'aimerais-je voir retenir par le lecteur patient ? Le vivant n'est pas dissociable de son environnement. Il ne s'agit pas d'en faire un objet d'écologie politique mais lui restituer une place justifiée par les processus biologiques auxquels il obéit. Il n'est pas exceptionnel, mais sans doute très fréquent, sinon ubiquitaire, parce que les éléments qui le gouvernent sont de cet ordre. Le vivant est inclus dans un ensemble infiniment plus vaste, non pas comme corps disjoint, étranger ou étrange, mais en symbiose, au sens quantique de l'intrication, pourrait-on avancer. Cette inclusion n'implique pas forcément une obéissance stricte aux mêmes lois que le reste, sinon où serait donc la différence que nous percevons instantanément ? Certes, il s'agit de notre monde sensible, mais pour autant est-il illusion ? Les lois de la thermodynamique s'appliquent au vivant mais présentent des limites : le vivant n'est pas un milieu fermé mais en perpétuel échange, le vivant s'auto-organise ce qui limite l'augmentation générale de l'entropie, au moins l'entropie du monde organique. Plus exactement il est biphasique, le point d'inflexion entre organisation dominante et désorganisation dominante se situant à l'âge adulte. Le facteur dissipatif est l'oxygène qui conditionne l'occurrence et l'ampleur de ces phénomènes mais aussi une certaine reproductibilité. Enfin, si intuitivement nous sentons bien le normal et l'anormal, il s'avère très compliqué de définir des limites à chacun, en une sorte de sensation infinitésimale. Des outils doivent être imaginés, probablement complètement différents de ceux auxquels nous avons été habitués depuis Koch et Pasteur. C'est la condition de la remise en cohérence avec cet environnement qui nous limite.

Si le flou biologique aboutit à de l'incertain, tant le médecin que le biologiste doivent néanmoins poursuivre leur vocation. La nature, les accidents de la vie, génèrent des souffrances certaines, quoique peu quantifiables. Chaque souffrance est également perçue différemment par chaque malade qui va la quantifier en faisant glisser le curseur d'une règle que le médecin lui présentera. Le malade décide de son niveau de souffrance exprimée et le médecin s'y adapte comme il peut. Mais face au paradigme scientifique en vigueur, comment sortir de cette incertitude grandissante, aller vers plus de résultats, le soulagement réel de plus de souffrances, dépasser l'éducation reçue puisque malgré celle-ci, la souffrance n'est pas abolie ? Bousculer péniblement le savoir acquis des maitres est douloureux alors que pourtant c'est la condition *sine qua non* de tout progrès. Or, la biologie poursuit invariablement sur sa lancée microscopique avec une logique cartésienne imperturbable, ignorant et surtout ne voulant pas voir, que le seul immuable du monde vivant se trouve, par sa seule volonté, isolé dans le tube à essai. Elle enseigne et évalue les disciples, ceux qui feront notre avenir, selon cette même logique. Du fait de l'enjeu — la santé de celui qui met sa vie entre les mains de celui qui soigne —, les savoirs deviennent facilement des dogmes rassurants, allant mal avec l'incertain qui angoisse. Les lois sont plus absolues là qu'ailleurs alors qu'elles ne sont que phénomènes. Les transgresser, non pas en les utilisant et les faisant évoluer mais en les bousculant, revient à admettre le risque d'excommunication par ses pairs.

Il faut alors pour le biologiste à la fois apprendre tous les détails de tout, issus des autres, autrefois, les assimiler à son corps défendant tout en poursuivant une voie unique et étroite, différente et dépourvue de garde-fous. Ce serait tellement plus simple si les contenus moins péremptoires admettaient la différence, l'encourageaient. Contenus des enseignements, méthodes d'évaluation pourraient être remplacés pour une large partie par l'enseignement des méthodes et des raisonnements qui les sous-tendent. Rabelais en serait heureux, les feux se ranimeraient sur les cendres cartésiennes déterministes, en même temps que les maladies ne répondraient plus à une définition uniciste, extérieure au sujet, mais se concentreraient sur le ressenti du malade *et* une intégration à une épidémiologie numérique élargie. J'ai expérimenté à plusieurs reprises la confrontation avec les savoirs acquis des Maitres. J'en retire qu'il n'y a pas lieu de tenir des discours certains et qu'il est douloureux de remettre en cause les quelques certitudes glanées çà et là et qu'il y a des trous béants, résultant de choix conscients, dans les savoirs inculqués. Le savoir apparait alors être parfois un obstacle à l'acquisition de nouveaux savoirs, qu'on ne peut commencer à acquérir que lorsque le constat est fait que ces savoirs sont eux-mêmes insuffisants ou incomplets. Pour cette raison un équilibre subtil doit être trouvé entre les règles incluses dans le paradigme et l'absence de règles permettant de modifier la géométrie de ce paradigme. Si on établit le parallèle entre science et création artistique, on voit bien l'abime qui sépare la création de la Renaissance et celle de l'URSS… La relation savoir-créativité n'est pas linéaire, la bascule du présent vers l'avenir survenant le plus souvent à l'improviste à la croisée de chemins improbables. Dès lors, la norme éducative ne peut se satisfaire d'un à peu près quantitatif, ni surtout qualitatif, expliquant « nous nous situons dans une bonne moyenne ».

Si la démarche expérimentale n'a pas à être remise en question, elle doit cependant être placée dans un nouveau contexte intellectuel. Ce contexte doit interdire d'interdire, bannir les dogmes. Ceux-ci constituent l'expression la plus simple de la pensée, mais construite et préinterprétée. Ils peuvent s'avérer justes mais du fait du simple hasard et représentent donc une perte de temps, une exploration compulsive d'un cas particulier. La cohérence intellectuelle doit donc afficher l'originalité par rapport à l'existant et en faire la preuve tout en satisfaisant aux exigences de l'expérimentation, à commencer par la probabilité réaliste de sa faisabilité lorsque celle-ci n'est pas instantanément démontrable. Une telle démarche suppose de la part de ceux qui financent la recherche, quel que soit le niveau de décision, une « ouverture d'esprit » c'est-à-dire qu'eux-mêmes ne subissent pas d'influence dogmatique ou au moins qu'ils soient conscients de ces influences. Seul l'apprentissage des conditions d'acquisition des connaissances, des interactions entre individu, culture, société et recherche, c'est-à-dire un enseignement épistémologique, peut le permettre. On pourrait même dire que face à l'inflation d'informations, l'épistémologie, la perception des conditions de formulation d'un « Pourquoi ? » ubiquitaire pourrait devenir indispensable, à côté des savoirs génériques, lire, écrire, compter. Mais un tel enseignement aboutirait à un « esprit critique » permanent en même temps qu'ouvert et je crains que les dirigeants n'y voient un contresens avec leur volonté de pouvoir.

Il existe deux grands modes de divulgation des résultats scientifiques, les congrès et les revues scientifiques dédiées à telle ou telle sous-discipline de tel champ disciplinaire. Les deux, par leur nombre, reflètent la quête du détail salvateur d'une carrière laborieuse. Les revues sont confrontées à deux écueils antagonistes en vue de leur maintien en bonne santé financière : banalité des articles publiés et, à l'opposé, publications extravagantes, du moins au moment de leur parution. Mais le dénominateur commun est de publier un maximum en un minimum de place, l’espace étant de l’argent. L’écriture d’un article inutile consiste ainsi à « rentrer » dans le nombre de mots imparti, sélectionnant au détriment de la clarté et de la nuance tout ce qui n’est pas indispensable. Je crois au contraire que laisser le libre choix de la longueur des articles à l’auteur et tout particulièrement leur section « discussion » permettrait de mieux circonscrire les sujets et d’éviter les phrases aussi péremptoires que creuses. Je me faisais ainsi la remarque que je ne lisais plus aucun journal, ce qui n’est pas forcément un exemple à suivre, ni dans le domaine scientifique ni dans le domaine « normal ». Ma chasse aux articles passe avant tout par une recherche par mots clefs sur les moteurs de recherche puis la lecture éparse d’articles sélectionnés issus de revues différentes. Mais, ce qui m’apporte le plus aujourd’hui, tant en ce qui concerne le plaisir intact de la découverte intellectuelle que de l’efficacité est la lecture de livres, parfois anciens. La confrontation des informations publiées avec ce qu’elles sont effectivement devenues au fil du temps, pondérées d’opinions et discutées abondamment par l’auteur, permet de se glisser subrepticement dans l’esprit de celui qui a effectivement réfléchi sur le même sujet que moi, il y a longtemps déjà. Ce sera peut-être un avantage décisif de l’informatisation des médias scientifiques écrits que de pouvoir, sans réel surcout, augmenter les espaces de réflexion, pour peu qu’ils soient ouverts et libres.

Une fois les données préliminaires indispensables rassemblées, un effort particulier serait nécessairement entrepris pour imaginer des modèles modélisant effectivement, ne se contentant pas de réduire par facilité les échelles, n’isolant pas un paramètre au milieu de tous les autres au prétexte de la précision alors qu’il ne s’agit que de paresse. Cette précision n’empêche pas la variabilité. Malgré les efforts de la modélisation, aboutissant souvent à une négation du réel, il persiste étrangement une variabilité des résultats. Ceci suggère que le résultat n'est pas issu d'une partie isolée et observée du monde réel, mais qu'il est devenu par le modèle une partie nouvelle de ce monde réel ne pouvant plus dès lors que se représenter lui-même. Peut-être serait-il bon dans ce cas de renverser la logique des statistiques communément utilisées : face à une expérience donnée, on tente d'apprécier la variabilité du résultat obtenu avec des échantillons similaires en reproduisant plusieurs fois l'expérience, l'analyse statistique représentant une expérience dans l'expérience. Plus rarement on utilisera une variation continue pour en extraire une corrélation, des paramètres expérimentaux, d'ordre thermodynamique, temps, température, pressions partielles des gaz, entre autres, y compris lors de la mise en œuvre de procédures complexes par ailleurs, aux multiples étapes. Extraire le modèle d'un contexte topographique et temporel, c'est aussi éteindre toute relation dynamique, sans parler de thermodynamique. Les projets de recherche qui seraient incapables de faire la démonstration formelle du lien contextuel entre le détail et le général dans un sens et l'autre, devraient être récusés.

Cette réflexion de nature politique n'est pas incongrue. Comme un vivant est un tout, son analyse intègre aussi les influences sociales et donc politiques. La cosmogonie en vigueur, par exemple, implique une certaine vision, tant des problèmes posés que des solutions à même de les résoudre. Or, nous ne pouvons pas prétendre nous situer hors d'un paradigme répondant à une cosmogonie, fruit d'une longue histoire nous imprégnant profondément, y compris dans nos inconscients. Comment imaginer des satellites si on considère que la terre est plate ? Or, s'il est interdit ou encouragé de penser de telle ou telle manière par le jeu sélectif des attributions d'allocations de recherche, c'est à une paupérisation de l'ensemble que nous assisterons et l'organisation sociale aura de ce fait une incidence directe sur ce qui sera trouvé. L'exemple des Lumières est édifiant : guidé de loin par les étoiles des grands astronomes, Rousseau, né à Genève, va à son tour et à distance inspirer les encyclopédistes et les philosophes allemands. Le besoin de classer et de catégoriser pour partager et enseigner les découvertes trop longtemps enfouies sous les dogmes, a en même temps stimulé et inspiré là où il s'est effectivement répandu, là où la liberté l'emportait sur le carcan, mais de manière aléatoire. Par les contraintes qu'elles imposent, les hiérarchies ont une lourde responsabilité quant au rayonnement de leurs pays, voire la santé de leurs peuples (Figure 10), les deux étant souvent connexes.

L'enjeu de l'intégration de l'aléatoire thermodynamique au raisonnement biologique et médical est de taille, pas simplement une réflexion austère sur le parcours d'un scientifique. Il ne s'agit pas d'un exercice de style hasardeux que prolonger le raisonnement de Prigogine. Il s'agit de fournir une hypothèse de travail aux limites que nous avons évoquées, pour tenter d'éclairer la condition physiologique de l'humain, de la vie selon d'autres cultures, des autres espèces et finalement de l'environnement afin de produire un niveau de compréhension plus intégré et donc plus élevé, permettant effectivement de regarder l'humain. La modélisation expérimentale, par essence simplificatrice, simplifiée et simplette ne fait plus l'affaire de personne, à part, souvent, celle de ses acteurs. Les malades sont toujours aussi malades mais en nombre croissant à mesure de la population alors que les dépenses de santé explosent. Je ne dis pas avoir raison à travers les hypothèses fournies, encore que je le pense, mais je dis que nous tangentons les limites de la recherche infinitésimale sans avoir rien démontré de flagrant depuis des années, sans avoir provoqué de rupture thérapeutique nette. C'est de santé et de souffrance que nous parlons, de bien-être et pas de gros sous. Quoique...

Ceux-ci ne sont pas loin : aujourd'hui plus de 50 % des brevets, quelle que soit la valeur du marqueur, est déposé par l'Asie, quelle que soit la géographie qu'on affecte à ce mot, moins de 15 % par l'Europe et encore y intègre-t-on la Suisse qui prend par million d'habitants 4 fois plus de brevets que n'importe quel pays de la zone euro[65]. Cela signifie simplement, à supposer que les PCT[66] demeurent, que notre avenir dépend à 50 % de l'Asie et que nous ne sommes maitres de la négociation de notre destin européen que pour 15 %, 2 % pour la France seule. Le prétexte généralement avancé est la taille de la population asiatique « intérieure » qui amortirait tous les couts de développement. Il s'agit là, je crois, de l'arbre, particulièrement volumineux, avec lequel nous voulons cacher la forêt. L'Asie n'a surtout connu ni le monothéisme exclusif pendant 1500 ans, le culte résultant de la pensée unique, ni la formidable et proportionnelle réaction des Lumières à ce monothéisme il y a deux siècles et demi, ni aussi directement, à l'exclusion du Japon, les conflits généralisés qui en ont résulté. Surtout, Bouddhisme et Confucianisme sont basés sur l'intégration de l'Être à la vie courante, sur la contemplation, pendant ce cheminement de vie, des éléments cardinaux de la nature. Wuxing, Qi, Ukiyo les cinq éléments, l'air, le lien entre êtres et choses, les mondes flottants à leur origine, font partie intrinsèque de la réflexion qui inclut les sciences et l'enseignement. De ce fait, l'absence des Lumières a été possible sans pour autant avoir à persister dans un Moyen-

[65] Sources, WIPO: World Intellectual Property Organisation, OCDE : Organisation pour le Commerce et le Développement Économique, OFBS : Office Fédéral Brevets Suisses.

[66] PCT : Patent Cooperation Treaty : l'accord international de reconnaissance des brevets d'invention. NDA.

âge religieux dogmatique tel que celui de l'Occident chrétien.

Au moins, recherchons Hobbes[67] « je sens donc je pense », plutôt que Descartes[68] « je pense donc je suis ». Si Descartes avait l'excuse de l'époque, s'il était opticien immense, il a été suivi aussi et surtout pour ses méditations métaphysiques[69], creusant ainsi, particulièrement en France, une tranchée considérable, génération après génération entre le croire et le voir, entre l'humain, l'animal et la nature. Il me semble temps de reconsidérer le monde, en particulier vivant, non pas comme nous le voudrions ou l'imaginons mais comme il est, aléatoire, dépendant en premier rang des hasards de son environnement. Nous imaginons avoir le pouvoir de décider de notre avenir, non seulement terrestre mais désormais universel puisqu'il est écrit dans le marbre du génome. Illusion… Que demain la température change un peu dans un sens ou l'autre et notre format changera aussi, notre habitat forçant ce changement. Nous imaginons qu'être toujours plus grands et forts, faire tout plus vite et donc manger toujours plus est l'avenir radieux vers lequel il faut tendre toujours plus vite. Je crois que c'est une erreur grossière d'interprétation, purement occidentale. Cette vision, si elle persiste trop, risque effectivement de changer notre monde, radicalement, et nous avec.

---

[67] T. Hobbes, *Leviathan ou Traité de la matière, de la forme et du pouvoir d'une république ecclésiastique et civile*, 1651.
[68] R. Descartes, *Discours de la méthode*, 1637.
[69] R. Descartes, *Méditations métaphysiques*, 1641.

Santé et Médecine

aux éditions L'Harmattan

Dernières parutions

MALADIES AUTO-IMMUNES
Quand notre système de défense nous trahit
Tron François
Le système immunitaire nous protège contre les virus, les bactéries et les parasites. Il peut parfois tourner ses armes contre l'organisme qu'il est censé défendre et y induire des lésions. Les maladies qui en résultent sont dites auto-immunes. Elles sont fréquentes et ensemble constituent la troisième cause de morbidité derrière les maladies cardiovasculaires et cancéreuses. Ce livre parcourt aussi les voies que la recherche emprunte pour corriger les désordres cellulaires et moléculaires observés au cours de chaque maladie auto-immune.
(Coll. Acteurs de la Science, 22.50 euros, 212 p.)
ISBN : 978-2-343-07769-7, ISBN EBOOK : 978-2-336-39806-8

LE DROIT DE LA GÉNÉTIQUE
À la recherche d'une branche du droit
Bricker Guillaume - Préface de Gérald Teboul
En matière de génie génétique, les questions éthiques et polémiques se multiplient à mesure que la technique évolue et embrasse de nombreux sujets : reproduction, OGM, tests génétiques, clonage… Le droit est-il suffisamment en avance pour y répondre ? Cet ouvrage permet de mieux connaître les règles et en assure la promotion, tout en mettant en garde contre les glissements éthiques. Il offre un panorama complet du cadre juridique applicable à la génétique. L'ensemble des textes permet de mieux comprendre les enjeux et quelquefois les limites de la législation.
(Coll. Le Droit aujourd'hui, 65.00 euros, 852 p.)
ISBN : 978-2-343-06705-6, ISBN EBOOK : 978-2-336-39860-0

BIOÉTHIQUE ET TRANSDISCIPLINARITÉ
Brelet Claudine, Patrick Curmi, Fatima Zhora Elkebir, Salwa Hamrouni, Mourad Merdaci - Préface de Christian Byk
Réflexion transdisciplinaire sur les rapports entre les sciences de l'homme et son environnement, cet ouvrage défend une bioéthique ouverte à la société civile. Il reflète les défis moraux auxquels sont maintenant confrontées les biotechnologies, depuis les OGM jusqu'à la PMA. Les chercheurs rappellent que la révolution biotechnologique peut et doit contribuer à améliorer la qualité de la vie, présente

et future. La bioéthique questionne finalement la nature même de l'être humain et offre la perspective d'un nouvel avenir.
(Coll. Cultures et Médecines, 17.00 euros, 154 p.)
ISBN : 978-2-343-07225-8, ISBN EBOOK : 978-2-336-39901-0

TRANSGRESSIONS DES FRONTIÈRES DU CORPS
La chirurgie esthétique
Mitz Vladimir
Les frontières de la chirurgie esthétique délimitent, avec difficulté, une spécialité chirurgicale qui est expansive. Cette chirurgie transgressive dérange les concepts philosophiques du «accepte-toi tel que tu es», elle bénéficie d'innovations tumultueuses telles les homogreffes du visage ou des membres, elle est constamment soumise à l'œil éveillé des médias. Cet ouvrage se propose d'en exposer les facettes en explorant ses mythes, ses bases conscientes et inconscientes et ses limites.
(Coll. Eidos série Retina, 16.50 euros, 156 p.)
ISBN : 978-2-343-07729-1, ISBN EBOOK : 978-2-336-39759-7

VERS LA CÉCITÉ
Un étrange parcours – Récit
Abbadie-Douce Paulette
Dans son précédent ouvrage « Voyage vers la cécité », l'auteur se penchait sur le choc éprouvé à l'annonce du verdict de cette maladie des yeux qui l'affecte : la « DMLA ». Dans ce nouvel ouvrage, elle nous dévoile d'étranges phénomènes qui l'assaillent et la troublent. À la suite de recherches, elle découvre avec stupéfaction que ces phénomènes sont une conséquence prévisible de la maladie des yeux qui l'affecte. Alors pourquoi ce silence autour de ces phénomènes reconnus par les spécialistes ?
(8.00 euros, 50 p.)
ISBN : 978-2-343-07608-9, ISBN EBOOK : 978-2-336-39792-4

MÉDECINE À TRAVERS LES SIÈCLES
Entre rencontres et découverte
Sous la direction de Xavier Riaud
Si la médecine et ses acteurs ont contribué incontestablement au bien-être de l'humanité, les dérives de quelques-uns ou les zones d'ombre amènent inévitablement à une discussion à propos de l'éthique qui doit la régir. Forts de ce postulat, les auteurs de cette collection ont souhaité décrire les avancées et les évolutions des sciences médicales.
(Coll. Médecine à travers les siècles, 19.00 euros, 182 p., Illustré en couleur)
ISBN : 978-2-343-07425-2, ISBN EBOOK : 978-2-336-39465-7

LA DÉPRESSION
Une pathologie à visage multiple
Lamessi Alain - Préfaces du docteur Thierry Malassiné et du professeur Michel Dieudonné Vohito
Le présent ouvrage tente de présenter les multiples visages de la dépression. Pour cela, Alain Lamessi retrace la longue histoire de cette maladie qui n'a cessé de

se métamorphoser au fil des ans, avant de questionner la problématique de la classification. Passant ensuite en revue les facteurs, corrélats et autres théories, il lève un bout de voile sur la complexité de ce trouble de l'humeur, tout en faisant un détour dans ses spécificités africaines.
(26.50 euros, 270 p.)
ISBN : 978-2-343-06235-8, ISBN EBOOK : 978-2-336-39178-6

SCIENCE ET HUILES ESSENTIELLES
Baumann Alexandre
Les huiles essentielles sont fortes là où les médicaments sont faibles : maux de dos, maladies cardiovasculaires, infections chroniques, anxiété « ordinaire »... Cela est étayé par de nombreuses études scientifiques. Pourtant elles continuent à être vues comme de simples substances agréablement odorantes. Ce livre combat cette injustice en détaillant une centaine d'études scientifiques démontrant de réels effets thérapeutiques.
(17.50 euros, 172 p.)
ISBN : 978-2-343-07469-6, ISBN EBOOK : 978-2-336-39322-3

LA MALTRAITANCE DES PERSONNES ÂGÉES
L'envers du décor
Sauveur Yannick - Postface de Pascal Lardellier
Ce livre interroge les causes de la maltraitance des personnes âgées. L'auteur cible les responsabilités de l'État et la faiblesse des moyens mis au service des personnes âgées. Il offre ainsi une réflexion sur le jeunisme, l'âgisme et la société marchande. Fort de son expérience du milieu médicosocial, l'auteur apporte un éclairage original sur l'envers du décor, les personnels maltraités. De nombreux témoignages illustrent son propos.
(Coll. Des Hauts et Débats, 19.00 euros, 186 p.)
ISBN : 978-2-343-07283-8, ISBN EBOOK : 978-2-336-39357-5

ACCOMPAGNER LA VIE JUSQUE-LÀ
Feroumont Bernadette - Préface de Gabriel Ringlet
Ouvrir ce livre, c'est plonger dans l'univers de l'accompagnement de la fin de vie et comprendre combien des attitudes simples et spontanées peuvent compter pour le patient, l'entourage ou l'équipe soignante. Les récits parlent de tendresse et de moments heureux, mais aussi de tristesses, de colères, d'injustices. Ouvrir ce livre, c'est aussi découvrir que le temps nous rappelle l'urgence de savourer la vie : il nous invite à porter sur nos rencontres et nos gestes un regard intérieur qui leur donnera du sens.
(Coll. Encres de vie, 16.50 euros, 162 p.)
ISBN : 978-2-336-30839-5, ISBN EBOOK : 978-2-336-39254-7

LES ÎLES DÉSERTES
Avela Guilloux, Rébecca Stella
Léa a 9 ans. Un jour, elle découvre qu'elle est diabétique. À partir de ce moment-là, sa vie change, devient compliquée. Elle doit faire face à sa colère, ses propres peurs, à un traitement difficile, à des contraintes auxquelles elle ne s'attendait pas, aux réflexions pas toujours délicates de son entourage. Léa va devoir apprendre

à vivre avec ce diabète, cette « sale bête » qui l'accompagne désormais. Dans son imaginaire d'enfant, Léa devient Super Léa, une super-héroïne du quotidien, une dompteuse... La « sale bête » n'a qu'à bien se tenir ! «Écrite par deux mères d'enfants qui souffrent de ce mal, la pièce a des accents de vérité d'autant plus convaincants que le rôle de la fillette est endossé par Rébecca Stella, l'une des mamans qui est de surcroît une comédienne d'une subtile envergure.» (Pariscope). «Un joli spectacle.» (www.froggydelight.com)
(15.00 euros) ISBN : 978-2-336-2-97408

SE LIBÉRER D'UNE ADDICTION SANS DROGUE
Baclofène et boulimie : une expérience
Goffart Claude
Ce livre retrace l'itinéraire d'une «toxico de la bouffe», aidée dans son combat par l'usage du baclofène, molécule ancienne redécouverte par un professeur alcoolique. Elle s'avère efficace pour supprimer l'envie irrésistible qui mène à la bouteille mais semble aussi apte à aider les boulimiques. Décrit dans ces pages, ce traitement demande surtout de la ténacité et un travail sur soi attentif mené avec un thérapeute et en lien avec une association dédiée aux utilisateurs de ce traitement.
(20.50 euros, 198 p.)
ISBN : 978-2-343-06233-4, ISBN EBOOK : 978-2-336-38817-5

AUTISME
Le sacrifice invisible
Trajectoires des familles et regards croisés des professionnels
Jean-Bart Christiane
Malgré des évolutions positives dans l'accompagnement des enfants autistes, l'auteure sort de l'institution et va à la rencontre des familles. Retracer leurs trajectoires lui semble indispensable à la compréhension de l'environnement de l'enfant autiste. Il s'agit d'avoir une vision globale de l'enfant autiste, de prendre en compte tout ce qui influe sur lui dans des cadres comme l'institution qui le prend en charge, sa famille, l'école, son voisinage...
(Coll. Réseau Tessitures, 25.00 euros, 256 p.)
ISBN : 978-2-343-06565-6, ISBN EBOOK : 978-2-336-38662-1

FRAGMENTS POUR UNE HISTOIRE DE LA GÉRONTOLOGIE
(Volume 1)
OAREIL
Ce livre raconte avec force anecdotes la naissance de l'action gérontologique : les errements, les oppositions et les luttes des acteurs qui ont ouvert cette voie nouvelle. Ce tome rassemble les entretiens individuels de ces femmes et hommes, pionniers chacun dans leur domaine. Ils narrent leurs parcours, leurs rencontres, la manière dont ils s'y sont pris pour construire pas à pas des actions, des services, des organisations sur des terrains en friche.
(Coll. La gérontologie en actes, 23.50 euros, 220 p.)
ISBN : 978-2-343-06908-1, ISBN EBOOK : 978-2-336-38920-2

L'HARMATTAN ITALIA
Via Degli Artisti 15; 10124 Torino
harmattan.italia@gmail.com

L'HARMATTAN HONGRIE
Könyvesbolt ; Kossuth L. u. 14-16
1053 Budapest

L'HARMATTAN KINSHASA
185, avenue Nyangwe
Commune de Lingwala
Kinshasa, R.D. Congo
(00243) 998697603 ou (00243) 999229662

L'HARMATTAN CONGO
67, av. E. P. Lumumba
Bât. – Congo Pharmacie (Bib. Nat.)
BP2874 Brazzaville
harmattan.congo@yahoo.fr

L'HARMATTAN GUINÉE
Almamya Rue KA 028, en face
du restaurant Le Cèdre
OKB agency BP 3470 Conakry
(00224) 657 20 85 08 / 664 28 91 96
harmattanguinee@yahoo.fr

L'HARMATTAN MALI
Rue 73, Porte 536, Niamakoro,
Cité Unicef, Bamako
Tél. 00 (223) 20205724 / +(223) 76378082
poudiougopaul@yahoo.fr
pp.harmattan@gmail.com

L'HARMATTAN CAMEROUN
TSINGA/FECAFOOT
BP 11486 Yaoundé
699198028/675441949
harmattancam@yahoo.com

L'HARMATTAN CÔTE D'IVOIRE
Résidence Karl / cité des arts
Abidjan-Cocody 03 BP 1588 Abidjan 03
(00225) 05 77 87 31
etien_nda@yahoo.fr

L'HARMATTAN BURKINA
Penou Achille Some
Ouagadougou
(+226) 70 26 88 27

L'HARMATTAN SÉNÉGAL
10 VDN en face Mermoz, après le pont de Fann
BP 45034 Dakar Fann
33 825 98 58 / 33 860 9858
senharmattan@gmail.com / senlibraire@gmail.com
www.harmattansenegal.com

Achevé d'imprimer par Corlet Numérique - 14110 Condé-sur-Noireau
N° d'Imprimeur : 137771 - Dépôt légal : avril 2017 - *Imprimé en France*

www.ingramcontent.com/pod-product-compliance
Lightning Source LLC
LaVergne TN
LVHW021219061026
849535LV00008B/2814